用自己喜欢的方式过一生

的平静，不是避开车马喧嚣，而是在心中修篱种菊。

谁不能安排你的生活，除了你自己

米苏 ◎ 著

黑龙江教育出版社

图书在版编目（CIP）数据

以自己喜欢的方式过一生/米苏著.--哈尔滨：
黑龙江教育出版社，2017.3
（读美文库）
ISBN 978-7-5316-9153-2

Ⅰ.①以… Ⅱ.①米… Ⅲ.①成功心理-通俗读物
Ⅳ.①B848.4-49

中国版本图书馆CIP数据核字（2017）第056788号

以自己喜欢的方式过一生
Yi Ziji Xihuan De Fangshi Guo Yisheng

米 苏 著

责任编辑	宋怡霏	
装帧设计	仙境书品	
责任校对	朱 蕾	
出版发行	黑龙江教育出版社	
	（哈尔滨市南岗区花园街158号）	
印　　刷	保定市西城胶印有限公司	
开　　本	880毫米×1230毫米　1/32	
印　　张	7	
字　　数	160千	
版　　次	2017年5月第1版	
印　　次	2017年5月第1次印刷	

书　号	ISBN 978-7-5316-9153-2	定　价	26.80元

黑龙江教育出版社网址：www.hljep.com.cn
如有印装质量问题，影响阅读，请与我公司联系调换。联系电话：0312-7182726
如发现盗版图书，请向我社举报。举报电话：0451-82533087

序言
XU YAN

对于大多数人来说，一辈子就是三万天，你想要生活三万天，还是只生活一天，然后重复三万次？

我相信，所有人内心向往的都是前者，想活出不一样的精彩；只不过，在平淡的柴米油盐、日出日落间，多数人都不知不觉地将日子过成了后者。

你还记得从什么时候开始，人生偏离了轨道，甚至有些失控了吗？身边许多所谓的"过来人"向你提意见，给你出主意，要你这样或那样。你很想挣脱，按照自己渴望的方式活一回，哪怕是错的，也想尝试。可终究，你还是没能迈出那一步，只能随波逐流了。待回首时，感慨时间就这么匆匆地过去了，来时的路上根本没有留下自己的脚印。

你还记得从什么时候开始，力不从心、身心俱疲，甚至不再期待第二天的日出了吗？现实那么残酷，世界那么不公平，你被一盆冷水浇熄了热情，辛辛苦苦寻觅的理想，到头来却成了众人眼里不屑一顾的东西。你彷徨、迷惘、沮丧，你感到生活很累，已看不到希望。

　　你还记得从什么时候开始，身边的朋友常常聚在一起喝酒聊天，可相聚的空间却成了炫耀虚荣的平台，你总是在强调自己过得很好、很幸福，但当宴席散去之后，你却只能独自舔舐内心的伤疤。真正懂你的人，似乎越来越少了。

　　你还记得从什么时候开始，对镜独照时，你望着那张熟悉的脸，陌生的感觉却油然而生？不知道所谓的幸福，究竟是安心自在地活着，还是众人眼里、口中评判的结果；不知道花朵凋零之后，整个春天是否都将失去；不知究竟该选择怎样的方式活着，才能让自己的生命无可替代？

　　停止这一切吧！不管曾经浪费了多少时光，就从这一刻起，为你的人生重新做一次抉择吧！别再随波逐流地循着大多数人的脚印行走，在那些印痕里找不到你的路；你应该更清醒地了解自己；你所追求的不该是外在的世俗，而是内心的温暖与明亮。

　　就像多年前，张国荣在《我》中唱到的那样："我永远都爱这样的我，快乐的方式不止一种，谁都是造物者的光荣；

不用闪躲，为我喜欢的生活而活；不用粉墨，就站在光明的角落；我就是我，是颜色不一样的烟火；天空海阔，要做最坚强的泡沫；我喜欢我，让蔷薇开出一种结果；孤独的沙漠里，一样盛放的赤裸裸。"

以自己喜欢的方式，换一种姿态活着吧！

不求多少人理解，但求过得舒心自在；不求荣华富贵，但求心安理得；不求惊艳了时光，但求无悔地活过。待到迟迟暮年，坦然地、大声地告诉全世界，我是唯一的存在，我的人生无可替代！

目录
MU
LU

我就是我，是颜色不一样的烟火

很多时候，你累、你烦、你倦，不是生活逼迫，而是内心压抑。羡慕那些备受崇敬的人，效仿那些被追捧的人生，脚步不由自主地偏移，最后成了他人眼中的木偶，说的、做的都不是自己想要的。如此，生活怎会不累？退出条条框框，还心灵以自由，告诉世界：我就是我，是颜色不一样的烟火！

01.做自己的梦，走自己的路

如果有来生，我要做一棵树，站成永恒，没有悲欢的姿势。一半在土里安详，一半在风里飞扬，一半洒落阴凉，一半沐浴阳光，非常沉默，非常骄傲，从不依靠，从不寻找……不埋怨谁，不嘲笑谁，也不羡慕谁，阳光下灿烂，风雨中奔跑，做自己的梦，走自己的路。

——三毛

书店里最显眼的位置，赫然摆着一本《辞职去旅行》，苏小沫停下脚步，驻留良久。

每次看见这样的字眼，她的心都不禁为之一动，说不清楚原因。也许，是书名勾起了她心中的某种欲望，比如体验一把"说走就走的旅行"；也许，是她厌倦了"温水煮青蛙般"的日子，害怕一眼望到底的人生，认为生活在远方。

在那些加班的深夜，她幻想着自己能在床上读自己喜欢的书，看自己喜欢的电影，但工作的忙碌仿佛抽走了她的所有。不久之后，苏小沫递交了辞职报告，经理笑笑，说："在意料之外，也在情理之中。"

走出写字楼的那一刻，苏小沫有种久违的轻松感。天似乎比平时蓝了，风也柔和了，望着街上匆匆行走的路人，她突然生出一种同情，而后又对自己即将到来的"新体验"充满期待。

"辞职，去旅行！"苏小沫忍不住在朋友圈上发了一句紧跟年轻人节奏的宣言。片刻之后，收到数条回复，无外乎是羡慕、嫉妒和佩服。这些互动的语言，无疑又加深了她对这一选择的决心。沿途路过机票代售点，她毫不犹豫地买了两天后去杭州的机票。

一个人去旅行，听起来很文艺、很浪漫。

抵达杭州后，她迫不及待地奔向了西湖，只为那"西湖美景三月天"的诗句，那段许仙和白蛇的旷世之恋，许嵩的《断桥残雪》，还有那句"上有天堂，下有苏杭"的赞誉。良辰美景，心里有诸多感慨，无人分享的遗憾，只能靠发微信来弥补。

美景、美食、轻松……在接下来的日子里，苏小沫都感受到了。从杭州西湖到千岛湖，从千岛湖奔往苏州，从苏州转去扬州，又从扬州去了上海，一路奔波下来，用了20天的时间。

此时，她有了一种想要"回归"的欲望，因为最初的那份轻松感已经荡然无存，银行卡里的余额一天天变少，也在提醒着她，生活还是要继续。

苏小沫想起了远方的父母，还有正在读大学的妹妹。在酒店的最后一晚，她失眠了。回想起这场说走就走的旅行，虽说看到了不少美景，可终究没能在这些想象中的地方让自己的内心得到安宁，此时看来，它不像是心灵的释放，更像是一场逃离。

多少人都曾有过云游四方、仗剑走天涯的梦想，但多数人都只能在现实中慢慢长大。原来，并不是所有人都适合"辞职去旅行"。这个世界不会特别优待谁，哪怕是那些旅游达人。苏小沫终于明白，她所看到的只是那些"辞职去旅行的人"在旅途中的潇洒与自由，全然不曾看到他们受过的苦、流过的汗、遇到过的危险、心惊肉跳的瞬间，还有那或多或少，却不得不提的金钱。

她的这一场旅行，怎么看怎么像是对某种生活的效仿，并非完全是发自内心，也并没有做好充分的准备。工作不如意的时候，就说自己的梦想是环游世界，而不是当一个悲催的上班族；客户说了两句不中听的话，就说自己想要的生活在远方，而不是坐在办公室里对着电话强颜欢笑；想买房买车却又不想努力，就说自己的梦想是享受生活，而不是一辈子套牢在土木结构里。看到别人潇潇洒洒地做了背包客，仿佛自己的人生被偷走了一般，心中涌起一股不甘。

究竟是真的渴望拥有一份特别的体验，去看看这个世界，还是厌倦了眼前的生活，想找个出口逃离现实？

记得曾经看过一篇名为"你真的是想要一间咖啡馆吗"的文章，开篇就精准地刺痛了许多人的神经："各种好看又美味的咖啡和甜点，可以把整个人陷进去的沙发，摆满了书的书架，生机勃勃的盆栽，精致的摆设，舒心的音乐，明媚的阳光。嗯，就这样。然后，时间好像就这样缓慢下来。我停下来，转过头，对你微笑——我也有过这样的梦想。"

这样的咖啡馆，这样的梦想，我们已经从太多人的口中听过，甚至自己也有过。可是，为什么有那么多人都想开一间属于自己的咖啡馆呢？真的是想要一间咖啡馆？真的是喜爱咖啡？还是爱上了咖啡馆生活？若真的想要开一间咖啡馆，那打算什么时候开，在哪里开，开一间咖啡馆要承受多大的压力？是否有足够的勇气面对最初的惨淡流水，还有复杂的日常管理……这些问题，往往都没有下文。

最后，作者感叹：叫嚣着要开咖啡馆的人，并不是真的想要咖啡馆，不过是在生活疲惫之时，对着同事好友、对着世界撒了个娇，证明自己并未被枯燥的生活淹没。

咖啡馆，不过是释放人生理想的平台；再看"辞职去旅行"，两者如出一辙。

中国摇滚传奇人物、被人亲切地称作"老K"的郭怡广说过一句话："人应该有一个vocation（事业），更要有一个advocation（爱好），最最重要的是，要知道这两者的区别！"

不是所有人都能在旅行中找寻到自我价值；亦不是所有人都能在外流浪了数月后，还不想回家；更不是所有人都有精力和经济能力去支撑这份特殊的人生体验。循着别人的脚步，你始终找不到自己的路，往往走得越远，就会越觉得迷茫。这辈子，你该有自己的生活、自己的理想，或去或留，或走或停，听从内心的召唤，灵魂自会为你找寻方向。

02.做一个内心始终高贵的人

> 妒忌是一种愤怒，对别人拥有而自己没有的东西
> 的一种愤怒。这种愤怒终会卑微了你。人生苦短，甚
> 至来不及活得好，你又何苦自我卑微？这个世界有时
> 的确很不公平，生活也并不尽如人意，妒忌却不见得
> 会让你活得比别人好。
>
> ——张小娴

　　木兰是一个典型的小镇姑娘，苏瑾出生在一个高干家庭。
两个年龄相仿、兴趣相近的女孩，总有一种特殊的默契，这种
心灵的契合也让她们很自然地走进了彼此的生活，成了闺密。

　　大学的日子轻松美妙，分享着快乐与忧愁，日子过得出
奇得快。两人虽有不同的出身背景，却并不妨碍彼此的交往，
这或许就是象牙塔最纯净的地方吧！然而，走出校门后，一切
都变了：木兰成了偌大城市里的漂泊一族，住进便宜简陋的群
租房，开始为了生计和前途四处奔波；苏瑾顺理成章地从宿舍

搬回家，住着精装修的大房子，继续做父母的小公主。几经周折，木兰进入一家影视公司做编剧，没日没夜地忙碌着；苏瑾则依靠父亲的关系，轻松地进入了一家外企。

生活质量、人际圈子，一下子全都变了样。在谈及生活、理想的时候，两人的起跑线明显不同了。苏瑾无法体会到木兰的那种漂泊感，而苏瑾口中的那些"生活"和"品位"，远不是现在的木兰能够企及的。木兰是在谋求生存的空间，苏瑾是在享受生活的万象。论相貌、能力、才华，木兰处处都优于苏瑾，可两人的生活却有着巨大的差别。这种落差感，就像小蚂蚁一样，总是不时地啃噬着木兰的心，让她在艳羡的同时又感到自卑，还有一点怒气。

苏瑾结婚那天，木兰是伴娘。看着昔日的闺密与海归男友甜蜜相拥，木兰心里像打翻了五味瓶，尽管嘴上说着祝福的话，心底却藏着一些不可告人的想法：她并不希望苏瑾幸福，甚至还盼着她在感情上遭遇点麻烦……这比自己嫁给一个高富帅，更能让自己得到安慰。

这种心理，很像一则故事里的情节：一个农民因为邻居家比自家多一头牛，心里很不舒服。一次，他救了一条神鱼，为了报恩，神鱼承诺可以满足他一个心愿。农民指着邻居的房子说，他比我富有，因为他家有一头牛。神鱼以为农民是想要牛，就答应给他十头牛。不料，农民却咬牙切齿地说："我不

要你的牛，我要你把他家的那头牛杀死。"

木兰和故事里的那个农民一样，都是嫉妒在作怪。因为心存嫉妒，才会反感、挑剔，让愤懑和自卑充斥内心；令人更加难过的是，这种痛苦往往还不能够表达出来与人分享，表面上必须强颜欢笑，内外反差的折磨，让人如在地狱。

诚然，没有谁能够在各方面都强于他人，偶尔的嫉妒也是不可避免的，但在利刃穿心之后，总还有补救的措施。这个措施，不是通过打压别人来释放自己的情绪，而是努力让自己变得更好，以缩短彼此间的差距，一直调整到可以将其视为欣赏的对象，用敬佩、喜悦的情绪，治愈心灵的伤痛。

在一次心理论坛会上，某心理咨询师进行了一场精彩的演讲。之后，听众席上的一位男士突然站起来，说他很佩服演讲者，可之后又说，他也很嫉妒演讲者，并扬言将来一定要努力超过他。话音刚落，听众席上就响起了热烈的掌声，且持续的时间超过了给演讲者的喝彩。

这是因为，男听众把内心那份"不太光彩"的情感——嫉妒，勇敢而坦然地表达了出来，用一种不服输的姿态，照亮了心灵中那个原本阴暗的角落。

还有一个女孩，曾经慵懒任性，清高冷傲，狭隘自私，嫉妒成性……当所有人都对其敬而远之、不屑一顾的时候，她选择了"蜕变"，把曾经丢失的很多东西都弥补了回来。她拿到了学位，考过了托福和GRE，并成功申请到了学校，去美国读书。之后，她又学会了开车，敢一人上高速，能用地道的美式英语跟老外聊天。尽管这算不得什么惊天动地的大事，但至少可以让那些曾经轻视她的人对她刮目相看。她没有显赫的家世可以炫耀和依赖，还有过一段不太美好的人生经历，可她不嫉妒任何人，也从不认为自己卑微，也没有因此自暴自弃，她只是在"想明白之后"，选择了努力向上，做一个无可替代的自己。

张小娴说过："妒忌是一种愤怒，对别人拥有而自己没有的东西的一种愤怒。这种愤怒终会卑微了你。人生苦短，甚至来不及活得好，你又何苦自我卑微？这个世界有时的确很不公平，生活也并不尽如人意，妒忌却不见得会让你活得比别人好。"

所以，放下这份怒气，做一个内心始终高贵的人吧！当你真的能够平心静气地欣赏别人，自己只跟自己比较时，那么你已经活得比任何人都勇敢和强大了。

03.活给自己看，随别人说去

我们是活给自己看的，不必沉浸在他人的语言中，蜷缩于世外的阴影下。你若裹足不前，有人偷着笑；倘你挣开束缚，前方春暖花开。

——微博语录

曾在网上看过一个德国留学归来的女孩写下有关"男女平等"的文字，感触颇多，印象最深的是这么一段描述："我回家的时候，总有一些三姑六婆让我早点结婚，说大了就嫁不出去了……更可笑的是，有些人居然对我说，如果嫁不出去，读那么多书又有什么用？"

言外之意，结婚是女人的最终归宿，努力让自己变得优秀也成了获取幸福的筹码。若是找到了如意郎君，从此过上了衣食无忧的生活，那就是众人眼中最幸福的人；若找了一个没房没车没存款的家伙，或是成了大龄剩女，这辈子就算是与幸福绝缘了，会被人冠上"凄凉"的头衔，甚至还会遭人轻视。

庆幸的是，写这篇文章的女孩不惧世俗，不畏流言，她有自己对人生、对幸福的认识：

　　"如果你足够强大，你就不会把幸福押在别人身上，你会自己创造幸福或者能给别人带来幸福，而变得强大的途径，就是学习，就是读书，就是学一切东西，读一切想读的书……无论是怎样的女生，平凡的，或卓越的，都应该做一个在精神和物质方面都很强大的女子，想要钱，自己赚；想要房、车，自己买；想要男人，自己找。而不是梦想着别人给你钱，和傻乎乎地等男人来找你。"

　　这一番话说得很精彩，而这种从经济到思想都足够独立的姿态，更是令人赞赏。可惜的是，像她一样真正能够顶住舆论的压力，不顾别人的眼光，跟随自己意愿选择生活、选择爱情的人，并不多。现实往往是：别人无意间的一句话、一个眼神、一个动作，都会牵动我们的心，使之久久不能平静。得不到旁人的认可，心里就像结了疙瘩似的，必须找个途径或借口，证实自己不是别人所想的那样。有时，我们甚至不知道，自己想要的到底是幸福，还是别人口中所谓的"幸福"？

　　萨特说过，人有选择的自由；同时又说，他人即是地狱。

　　一个30岁的男人，陷入了左右为难的境地。父母逼着他结婚，而他却不愿意结婚，甚至为此感到生不如死。朋友调侃："那就结呗！"他说，自己跟对方相处得并不好。"那就跟你爸妈直说，'抗旨'！"朋友又出了一招。他说，父母年纪大了，不想让他们生气。最后，他还是妥协了，理由听起来很棒："孝顺父母。"

婚后的日子，不用多说了，度日如年。两个人问题不断，争吵屡屡升级，原本想孝顺父母的他，也没少让父母操心。可是，有什么办法呢？他此刻所经历的生活，是他自己选择的，怨不得别人。

是的，每个人都有选择的自由，可往往在做选择的时候，会受到外界的干扰。若是你的选择，刚好符合周围人的期待，那么一切都将顺风顺水；一旦和大环境评判的标准有了分歧，那就不得不承受可怕的舆论，面对他人的指指点点。

话说回来，人生的岔路口那么多，谁能保证自始至终一切如愿？谁能保证别人喜欢的就是自己喜欢的呢？生活，终究是我们自己的事，想怎么样也是自己的事，性情和生活都需要一点个性，必要的时候需要他人的指点，但绝不需要他人的指指点点。人生一场，要有自己的世界，自己的生活，因为我们都是无可替代的个体，生活的主轴心是自己。

《华尔街日报》中文网的一位主编跟同事开玩笑说："在中国，我就是一个失败的人，我没有房子，没有车，没有老公，也没有孩子，总之什么都没有。在中国，这样的人就是失败的人。但我觉得自己过得挺好的，我干吗要管别人觉得我怎么样呢？"

是啊，干吗要管别人觉得"我"怎么样呢？每个人生长的环境不同，经历不同，价值观不同，很多事情根本就没有固定的标准。

你明明不是喜好热闹的人，又何必为了他人的一句"性格内向、不够开朗"强迫自己融入人群，故作欢颜呢？你明明只想过简单清净的日子，"愿得一人心，白首不相离"，又何必为了"干得好不如嫁得好"的世俗评判削尖了脑袋挤入豪门呢？

别人眼中的天堂，也许就是你的地狱。

有人说："生活中最难的时候，不是别人不了解你，而是你不了解自己。一个人，追求自身的简单和丰富，才不会被尘世的一切所蛊惑。"你经历过什么自己清楚，你的伤痛、你的哀怨、你的快乐、你的感受，也唯有自己的心最明了。

当我们看到鼻子上有红红的圆球、脸上浓墨重彩、衣着诡异梦幻的小丑时，一定以为他们做这样一份工作很快乐——他们的工作就是惹人发笑，他们的言行似乎没有任何约束。事实上，绝大多数小丑的扮演者，都患有不同程度的抑郁症。单纯为了取悦别人，对小丑来说是一种生命不能承受之重，在可笑的假面背后，隐藏的往往是一颗疲惫的心。

要活得洒脱，就不要去寻找别人认可的东西。当心底的声音与外界的声音相抵触时，记得提醒自己："别人的目标不重要，别人的道路不重要，别人的价值观不重要；我应该有自己的信仰，不让任何人的意见淹没了我内在的心声，因为没有人比我更了解自己。"

　　生命只有一次，无论你、我、他，都要活在自己的心里，而不是别人的嘴里。

04.你和别人"不一样"

你得和别人"不一样"。"不一样"不是让你
糟践自己,行为出格。"不一样"是指"好得不一
样",简历更精彩一点,表达更从容一点,说话更准
确一点,钻研更深刻一点。一点一点,就会和别人不
一样了。

——刘同

说起M.斯科特·派克这个名字,可能有些人会感到陌
生,但提及他所著的那本《少有人走的路》,很多人就恍然大
悟了。

不得不说,M.斯科特·派克是这个时代最杰出的心理医
生。他的杰出,不仅仅是因为他的智慧,更重要的是他的真诚
和勇气。儿童时期,M.斯科特·派克以"童言无忌"远近闻
名;少年时期,他果断放弃了父母为自己安排好的辉煌前程,
毅然地选择了自己的人生道路,最终成为了一名心理医生。在

二十几年的职业生涯中，他治愈了成千上万个病人，并出版了震惊世界的作品《少有人走的路》。

人生的路说长不长，说短亦不短。在面临选择的时候，你是否有勇气像M.斯科特·派克那样，放弃捷径，走一条不太符合常理却是自己想要走的路？也许，回答这个问题很简单，只是"有"和"没有"，但若置之于现实中，却未必有那么容易。

在一家大型美容院的开业典礼上，女老板一亮相，就引起了一阵哗然。她已年过五十，看上去却风韵不减，穿戴装扮很有自己的风格，若不是自曝年龄，说她四十岁不到也有人相信。在台上剪彩的瞬间，多少人注视着她，这些眼神里有羡慕、有崇敬，也有嫉妒。

知情的朋友说："别只看人家今日光彩夺目，走到今天，她也有自己的不容易。"

年轻时的她，是个清水芙蓉般的女孩，一心想当老师。无奈的是，家里条件不好，没有能力支撑她完成学业。迫不得已，她只得走出校门去闯荡。刚满18岁，她就去了浙江。最初接触美容美发行业的时候，周围没有一个人赞同，甚至还在背后指指点点，总觉得那不是一个正经行当。

被人戳着脊梁骨的滋味，真心不好受。可她心里认定，这个新鲜事物会有发展前景，只不过现在时机不够成熟，接触它、

了解它的人还不多。顶着各方面的压力，她先后花了三年的时间拜师学艺。做学徒是一件很辛苦的事，也赚不到钱，可为了学手艺，她都忍了。当时，她认识的一些同龄女孩，学业有成的做了老师、医生，一些和她情况差不多的姑娘，就直接进了工厂，工作算不得多么光鲜体面，可在众人眼里，都比她的选择要好。

时光荏苒。时隔30年，那些抱着"铁饭碗"的人，朝九晚五地过了半辈子；那些进工厂当工人的，上进拼搏的，混入了中层，也有一些人下了岗。她呢？在学成手艺之后，从一家小美发店做起，后来兼做美容，生意好了，客户多了，就开始扩大店面。待人们的生活观念和消费观念发生转变后，越来越多的人开始关注美容、养生，而她也跟随市场的变化，开起了美容养生馆。

现在，她可谓事业家庭双丰收了。那些曾经对她指指点点的人，再提起她来，或是保持沉默，或是暗自佩服，说人家"有眼光""有远见"。其实，在她看来，自己当年不过是选择了一条少有人走的路，仅此而已。

类似的情形，几乎每个时代、每个角落都在上演。

几年前，一个名校的新闻系高才生，在众同学削尖了脑袋往事业单位钻的时候，他却婉言拒绝了两家知名媒体的邀请，跟某个中学同学推销药品。一时间，无论是大学同学还是家长，都认为他脑子"坏掉"了。

一时间，议论如潮涌：他不是学新闻的吗？他不是想当记者吗？怎么突然间就跑去做业务员了？是呀！当时的他看起来是有点一意孤行，做出了一个令人意想不到的选择。可是，8年后的今天，再没有人说他"脑子进水了"，因为他已经是某大区的经理了。

很多事情就是这样，不到最后，谁也看不穿结局。迈进了固定的圈圈里，按照所谓的"常理"做出选择，你以为自己在路上，已经超越了某一些人。可是未来的某一天，你也许会发现，某些人根本没有按照套路出牌，他和你走的根本不是同一条路，而那条路的终点也有着别样的风景，他的人生精彩度并不逊于任何人。

多数人都渴望有不凡的人生，但多数人最终都过着平凡的日子。不是没有能力，也不是缺少机会，而是从一开始在内心给自己设置了太多的约束，不敢打破世俗规则，不敢遵循内心真正的声音去选择，不敢迈出"非常规"的第一步。或许，按照某一规律、某一法则来生活，可以少走些弯路，少听些逆耳的评判，但它会毫不留情地将你拖入一个"定式"的鸿沟。

其实，何必要活得那么小心翼翼，那么中规中矩呢？心灵的空间是无限的，人生的旅途也并非只有一条路可走。少有人走的那条路，看起来是有些孤独、有些狭小，可你若喜欢，何不大胆地尝试一把呢？许多奇迹，可能就藏在羊肠小路的拐弯处，唯有打破心的禁锢，才可能收获另类的风景。

05.搞清楚自己的人生剧本

亲爱的自己，你要清楚明白自己人生的剧本：你
不是父母的续集，不是孩子的前传，不是朋友的番外
篇。做最想做的自己，任性、孤僻、洒脱，都可以！

——佚名

S女生在一个行医世家，从小父母对她管教甚严，不管做
什么事、什么决定，多数情况下都得经过父母的同意，这也使
得S女养成了"逆来顺受"的性格。

填报志愿时，S女很想报考某外国语学院，父母却觉得，
就业形势严峻，不如去读医学，将来在医院工作。S女虽不太
情愿，可还是听了父母的建议，上了医学院。

学医不是一件轻松的事，在别人享受曼妙的大学时光时，
S女一直往返于图书馆、解剖室之间。本来兴趣就不大，很多
东西学起来都不那么顺手，父母时不时地还会给她施加压力，
这让S女心情压抑不已。

总算熬到了毕业，父亲通过熟人关系，让S女进了一家二级医院。可在工作方面，S女并没有父母预想得那么出众，她做得也不是那么开心，只当是一份养活自己的差事罢了。

到了谈婚论嫁的年纪，S女结识了一位军官，父亲却不同意。抵抗不过父亲的百般阻挠，她妥协了，在父亲同学的介绍下，跟一位医生结了婚。婚后的日子，平淡如水，谈不上有多么恩爱，但相处得也算融洽。

在外人眼里，S女的人生简直就是父母的翻版：从事着和父母一样的职业，和同行结成连理，延续了行医世家的"传统"。多少人羡慕着S女，她却只能勉强一笑，回想这些年，几乎每一个重要的决定，都是父母替自己拿主意，她总在照顾父母的情绪。这人生，似乎不是她自己的，那个上外国语学院、出国留学的梦想，那个和自己在摩天轮里山盟海誓的恋人，都成了遥远的梦。

M女性格随和，温润得就像一块美玉。然而，每种性格都有利弊，她的弱点就是从来不懂拒绝。好几次，面对朋友的请求，她明明不愿意去做一些事，可为了照顾对方的感受，还是耐着性子做了，为了成全朋友的人生，放弃了原本属于自己的立场。

再来说说C男，他是个典型的好好先生，可日子也不太好过。

从小成长在一个传统保守的家庭，使得他对父母极为孝顺，这原本不是什么坏事，可凡事有度，过犹不及，而他就属于过了头儿的那种。结婚前一切都好说，家里就三口人，婚后有了妻儿，情况就不一样了，他对父母过分地顺从，有时让妻子很不满，虽未闹得鸡犬不宁，可僵持的冷战也让人心有余悸。

　　对自己的儿子，C男更是用心。他希望把什么事都给儿子安排好，努力为孩子创造物质上的舒适与满足。儿子要什么东西，他都会努力给予；可对自己，他却显得有些吝啬。有时，他自己也会跟朋友念叨："这一辈子，我到底是为谁活着呢？我都快不知道自己是谁了！"

　　这辈子，你是谁，为谁活着？不管是S女还是C男，还是茫茫人海中的你、我、他，都该慎重地思考一下这件事。我们每个人在生命中都扮演着不同的角色，但这些角色有时很容易让人迷失。

　　我曾在一次讲座中，听某位教授谈起"自我"和"他人"之间的关系，她说："人生有很多角色，但我们习惯扮演'父母的孩子''子女的父母''爱人的伴侣''别人的朋友'……唯独忘了'自己'这个角色。我们总想着自己是谁的谁，可实际上，一个人首先应该'是'的人，应该是自己。你的生命就像你的家，在里面住一辈子的人是你自己。不要因为你的不坚持，你的不坚定，让别人进来布置。"

如果说人生是一出戏，那么作为这幕戏的主角，你该搞清楚自己的人生剧本：

你不是父母的续集，你的人生不需要父母操控。纵然他们渴望为你铺好前路，愿意为你操劳一生，但你要想清楚：那究竟是不是你想要的人生？你的舞台要你自己做主。

你不是孩子的前传，不要将为了儿女放弃自我当成一种伟大的风险。孩子与你一样，是独立的个体，你不必为他们放弃自己的舞台，也不必为他们搭建舞台，给他充分的自由和空间，才能让彼此有更完整的人生。

你不是朋友的番外，朋友是心灵的寄托，却不需要你放弃自我、牺牲自我来维护这段友情。他的人生是否精彩，那是他自己的事，你不是他的延伸。你能够做的，就是当一个聆听者，在必要的时候伸出援手，而不是把自己的舞台和角色舍弃掉，去做他的附庸品。

也许，这场人生的舞台剧注定无法单独来完成，需要他人的配合，需要你为别人付出，但这不该成为一种束缚和包袱，不该被所谓的"应该"和"责任"牵绊住手脚。唯有认真地做好自己，完成自己的角色定位，才有精力和能力去展开更多的情节。

Chapter2

你若安好，便是晴天

没有谁可以完完全全地掌控这个世界，亦没有谁不曾接受岁月的洗礼就能长大。当生活露出本来的面孔时，你抱怨，你憎恶，你沮丧，你绝望，都于事无补。唯有笑对，才挺得过。有时候你以为那片云就是天，若下雨就是全世界都下雨了；殊不知，有时它只不过是片阴影。走出那片云，或许就是晴天。

01.心是一片晴空，人生就没有阴雨天

当一个人遇到不顺时，要多说"我相信"，用感性激励自己走出泥潭；人生太顺时，要养成说"我知道"的习惯，用理性来规范自己。人生好比一锅汤：要沸时，加瓢水；温吞时，加点火。人人一锅汤，还得靠你自己的火候自己熬。

—— 苏芩

那是一个聪明又"一时犯傻"，坚强却"只求一死"的姑娘。她曾以优异的成绩考入省重点大学，却也曾在某个深夜傻到吞食农药轻生；她曾坚强地与病魔抗争了很久，却在某个瞬间崩溃得一塌糊涂。这跌宕起伏的人生，全因20岁那年的一场疾病。

读高二的时候，她经常感觉自己的手指莫名其妙地肿痛，这种痛渐渐蔓延到胳膊、双腿乃至全身的各个关节。寝室到教室不过50米的距离，她却要走上半个小时。止痛药对她来说

根本没什么用，打针也不见好，因为行动不便，她只能减少活动。

医生说，她患了类风湿性关节炎。

第一次高考，她因体力不支，考试失利。复读一年后，她顺利考上了大学，可惜的是，她已经无法跳跃着奔入大学的校门了。她，瘫痪了。

面对这雷电般的打击，她说："我有时候会想，如果一生下来就不能动，或许没这么痛苦。但我尝过自由的滋味，我曾经也是个活蹦乱跳的小姑娘，还渴望着去念大学。突然一下子就瘫痪了，那种失落感，就像是从高空跌落到无底深渊。"

此后七年的时间里，她一直卧病在床，如坐监牢。最初的日子里，她靠着读书来寻求慰藉，可是当生活变得如模板一般的时候，她也厌倦了。她每天都在重复着前一天的事情，看到的永远是窗外的一小片天空，听到的永远是父母为了医疗费小声商议的声音，她恨自己，恨她拖累了这个家。负罪感折磨着她，平生第一次，她想到了死。

吞食农药的那个晚上，父母急坏了，经过紧急抢救，总算挽回了她的命。睁开眼的那一刻，她就抱怨："为什么不让我去死？"一向沉默寡言的父亲，青筋暴起地说："如果你真有孝心的话，就陪我和你妈活着……将来我们不在了，看不到你了，你想怎么样就随你吧！我们只求你陪我们活着……"

"陪我们活着"，这句话让她感到一阵剜心的疼，却又给了她必须活下去的理由。那次轻生未遂之后，她开始真正接受了现状，重新思考人生。她想明白了，身体虽然残疾了，可眼睛还能看，耳朵还能听，重要的是大脑依然健全，还能做一些力所能及的事。

残联得知她的情况后，送来了大量书籍，也给了她莫大的鼓舞。不久后，已经瘫痪七年的她，第一次出了家门，到县城参加"社区医学函授班"。也许是太久未出过门了，她自卑，怕被人嘲笑，可是没想到，情况根本不是她所想的那样。在路上遇到麻烦的时候，不少热心人会主动帮忙，对那些人来说也许只是举手之劳，可对她来说却值得铭记一生，他们给了她重新面对新生活的勇气。

她读书时成绩优异，这一点村里人都知晓。所以，经常有孩子会上门找她辅导功课。渐渐地，辅导的孩子多了，她萌发了办学前班的想法。家里人起初很犹豫，担心她是残疾人，办学的话可能不好招生，可她却铁了心要做这件事。

学前班开学了，前来报到的有24人。她看着家长信任的目光和孩子们纯真的脸庞，心中充满了自豪感，感觉自己仿佛"站"了起来。她对学生很用心，从学习到生活无微不至；孩子们也喜欢她，因为她总能给他们带去自信和快乐。

从办学至今，她影响了上千名学生。后来，连一些苦闷的青年人，以及患病的中年人，都把她当成了倾诉的对象，希望从她身上汲取力量。后来，她得到社会各界的救助，并成功做了髋、膝关节置换手术，经过一段时间的康复训练，穿上特制的鞋子，她已经基本上能够重新站立起来了。

2011年9月，她被光明日报、北京广播电视台等单位评为了"最美乡村教师"，而她的事迹也被中国青年网刊登在"青春励志故事"的板块里。在接受中国青年网记者的采访时，她说："能为别人做点事情，被人需要的感觉，真幸福。"她脸上浮现出灿烂的笑容，可身体却仍然在忍受疼痛。她说："我早已习惯了疼痛，并学会了忽略它。只要心中有太阳，人生没有阴雨天。"

人生多风雨，道路总崎岖，但世上的路不止一条，希望不止一个。面对生活，低首蹙眉、郁郁寡欢，不如一路悠然、轻歌曼舞。阅尽世事，就会幡然明白：不管遇到什么，那都是生命的恩典。纵然身处逆境，也可以选择不消沉、不颓废，在坎坷、磨砺中坚强，在苦难和逆境中成长，在痛苦和烦忧中微笑。很多时候，越过风浪，就能一往无前。

02.若不是心宽似海，哪来的风平浪静

生活中不要拿自己的框架去要求别人，甚至是希望改变别人，不要奢望那些阳春白雪的愿望。大家都能理解这世界最稀缺的物资是宽容，多少的苦恼都来自于自我的执着，那些可遇不可求的希望和盼望，还是少放在念头、心头、眉头。这世间的路，能宽容才能活。

——延参法师

老人今年80岁了，脸上布满了皱纹，笑起来的时候尤为明显。每天上午，他都会搬一把椅子坐在自家的单元门口，见着小区的人就会笑着摆手打招呼，无论认识与否。渐渐地，小区里的人都认识了他。

也许是年岁大了，他的耳朵不那么好使了，可若有人愿意扯着嗓子跟他聊聊天，他依然会乐呵呵地给人讲讲那过去的事。

13岁那年，他的母亲就去世了，那时他最小的弟弟不到3岁。父亲酗酒好赌，把家里值钱的东西都输干净了，嫌小儿子年幼，就想着送人。他说什么也不肯，非要留下弟弟，不管去哪儿都背着他。

23岁那年，他结婚了。妻子贤惠体贴，婚后为他生了两个儿子，日子过得倒也太平。只是，结婚第二年他就被调去了外地，等调回家乡的时候，已是十年之后的事了。好不容易盼得一家团聚了，妻子却又检查出绝症，没过几年，妻子就撒手人寰了。

年幼时丧母，青年时丧妻，摊上一个不省心的父亲，还有两个尚不能独立的孩子。这样的生活，对一个大男人来说，何等不易？可他硬生生地挺了过来。他没再娶，又当爹又当妈地拉扯大了孩子，看他们娶妻生子。虽有兄弟，可身为长子，他还是让年迈的父亲跟着自己一起生活，为他养老送终。

熬过了大半辈子，儿孙都大了，终于能松口气的时候，不幸的事又来了。大儿子由于高血压引发脑出血，突然离世，白发人送黑发人，心情可想而知。时隔几年，没想到他的孙子又出了车祸，命保住了，却留下了终生残疾。

周围有人感叹，老人真是不幸，这辈子没享几天的福，净操心了。换作一般人，经历这些年的一连串打击，精神早就崩溃了，身体说不定也垮了。可是老人每天依旧笑呵呵的，就好

像什么事也没发生过一样，看见有人唉声叹气的时候，他反倒还会忍不住劝上一句："放宽心，没什么大不了的事。"

就这样，日子一天天地过，老人已是年近八十的高龄。除了有些耳聋之外，身体没有任何毛病。小区里有些跟老人不熟的人，偶尔会跟他说起一些养生的话题，问他是怎么保养的。老人还是那句话："放宽心，没什么大不了的事。"

放宽心，没什么大不了的事。或许，在常人看来，这只是一句劝慰人的好听话；可在老人看来，这却是他一辈子总结出来的生活智慧。很多时候，日子不太平，心里不安生，不是因为周遭的事情太恼人，而是缺少一种宽大的胸怀和气度。

看见曾经和自己生长在同一环境里的人，久别重逢后穿金戴银，心里是否会生出涟漪？看见别人有一份环境好、待遇高的工作，是否会有些黯然神伤？当与朋友发生口角、产生利益纷争时，是否会耿耿于怀？得知是他人的过错导致自己受牵连时，是否会大动肝火？生活不如意，却还有人落井下石时，是否会恨得咬牙切齿、捶胸顿足？

同样是这些事，若换一种姿态，放宽心量去看待，其实也真的没什么大不了。脆弱的生命本就不该承受那么多沉重。历经了许多无法挽回、无法抗拒的事情后，可能会万念俱灰，一蹶不振。然而，与漫长的生命相比，过去的永远都是轻微的。就像那位始终面带微笑的老者，谁能说他的一生没经历过痛苦？可谁又能说他这一生活得不够幸福呢？至少，那份两袖清风、看淡世事的姿态，就不是所有人都能够比拟的。

很多时候，我们习惯对别人说"没什么"，或是出于礼貌，或是出于善良，或是出于故作潇洒，或是出于无可奈何，或是真的不在意，或是别有用心。不管出于什么目的，生活就是有那么多不尽如人意的地方，需要我们放宽心。

只不过，单单学会劝慰别人还不够，更多的时候，我们要学会的是对自己说"没什么"。忧郁难解的时候，要对自己说"没什么"，明天的太阳依然会升起；累了倦了的时候，要对自己说"没什么"，停下来歇歇才能更好地赶路。这么说，并非是放纵自己所有的错过，只是要自己拒绝沉溺而已。

心情犹如一条河，它的状态取决于它的深度：深水沉静，浅水喧哗。心量太小，一粒小小的石子也可以激起浪花；心量大了，纵然是礁石也可暗藏其中。心若计较，处处都有怨言；心若放宽，时时都是春天。人活一辈子，不过求个心安，唯有心宽似海，才能换得人生的风平浪静。

03.停下风尘仆仆的脚步享受时光

世界之大，远超过我们的眼界可以容纳的范围，
不管人们走得多慢。走得快的人们也不会看到更多。
真正珍贵的东西是所思和所见，不是速度。

——《旅行的艺术》

相传，在遥远的东方有一座伊甸园。那里的人不需要劳作，就可以拥有华丽的服饰，享受丰富的菜肴，住上舒适的房子，所有的幸福和快乐都尽在其中。向往这种完美生活的人，深深地被这个神奇的伊甸园吸引了。他们耗尽了一生的精力去寻觅，从不停歇，甚至有人为此付出了生命，可最终还是没能找到那让人向往的伊甸园。

每个人都有过类似的梦，在梦中踏入了美好的伊甸园。不管路途多么遥远，多么曲折，都不曾动摇心中那执着的信念。我们都误以为，快马加鞭走到别人的前面，就能早一点抵达目的地，却忘记停下脚步思索，这样的奔波忙碌和追逐是对还

是错?

曾经看过一篇文章:身患绝症的妻子痛彻心扉地哭泣,她难过的不是病情,也不是高额的医药费,而是跟丈夫结婚的十多年里,一心为了过上有房有车的日子,年复一年地奔波着,而自己和丈夫没有一点浪漫的回忆,也未曾常回家探望父母。为了生计,为了钱,那一份可贵的爱情,还有珍贵的亲情,被忽略了太久。总以为还年轻,还有时间,那些浪漫的事,那些尽孝的事,被一拖再拖,直到再也没有机会实现了,才恍然大悟,后悔不已。尽管后来,车子房子都有了,看似什么也不缺了,可生命走到了尽头,这个结局又谈何完美呢?

忙忙碌碌的日子,让我们错过了生命中太多美好的东西,忽略了太多可贵的感情。忙忙忙,忙得没有了主张,忙得没有了方向,忙得忽略了时光,忙得没有时间宣泄一场。

总以为,努力付出了就会得到最好的回报,生活就能如自己所愿。可惜生活的本质并不是如此,行色匆匆,庸庸碌碌,浮光掠影,纵然最后得到了自己想要的,却也未必是当初预想得那么欢愉。

更可悲的是,很多人从一个起点出发的时候,还知道自己的目标是什么,可走着走着,就忘了自己最初的想法。或许,每个人最初都是为了更好地生活而工作的,可后来呢?多数人每天为了工作和生活而疲于奔命,早就忘了工作的目的是更好地生活。

他是一家公司的主管，对待工作，他要求自己必须不断地保持活力，如果没有把事情做完、做好，就会感到沮丧、倦怠和有罪恶感。可事实上，不管他做了多少事，他都觉得还不够，一旦闲下来，就感到无聊空虚，甚至觉得在浪费生命。于是，他又会重新计划工作和生活，把时间排得满满的。很多时候，他都身处压力重重、精神透支的状态里。长期以来，他一心扑在工作上，从来没有停下奔波的脚步。他的家就住在西山脚下，可他向来只是看着周围的老人们清早起来爬山锻炼，或者看着远道而来的游人到那里享受美好的风景，自己却没那份兴致。

他担忧的事情实在太多了，他怕自己若不能加快脚步，就会变得懒惰，无法做好任何一件事；他也怕自己做得不够好，会被上司和下属们指责，在他的脑海里，既然我是公司的主管，那我必须树立起一个优秀主管的形象。这些想法，让他在焦急的同时，也感到一丝沮丧。所以，他总是让自己像陀螺一样不停地转，只有在工作表上的完成事项上面打勾的时候，才稍微觉得有那么一点儿轻松。

有一次，公司派他外出到某沿海城市学习，参加半个月的心理学新发展课程。开始那几天，他对上课的内容有一箩筐的问题，他想借这个机会学到更多的观念和方法，可结果很糟糕，他根本没有找到其中的要诀，而导师却一直提醒他放松心情、专注倾听。一次课后，导师对他说："下午你休息半天，到海边走走吧！"

他非常敏感，对导师的建议忧心忡忡，觉得导师定是认为自己哪儿做得不好。让自己一个下午待在海边，什么都不做，那真的会疯掉。他再三央求导师，只剩下四五天的时间了，不能再浪费。然而，导师却坚持让他试试看。

当天下午，他一个人去了海边。起初，他觉得有一种新鲜的感觉，可很快就陷入了焦虑之中。他想起前几天导师在课堂上讲过放松技巧，便试着用在自己身上。那天晚上，他睡得很沉。直到天蒙蒙亮，他才醒来。当时，他真的有一种如梦初醒的感觉，原来这就是放松的感觉。他终于明白，顺其自然和不去强求是怎么一回事，也终于知道什么是身心放松。这一切，竟然是这么简单。

课程结束后，他回到工作的城市，这时的他俨然像变了一个人。每当工作紧张和思路不畅的时候，他不会强迫自己加班加点，而是试着放松下来，休息一会儿。如此，一天结束后，工作的效率比预期高出很多，而且也没有从前的疲惫感。更不可思议的是，他觉得心里很舒服，很愉快，不管工作还是休息，都是那么自然和随意。

后来，他经常跟下属和周围的朋友们说，不要说"我太忙，我没时间"，你的时间都投入到工作和追逐梦想上了，你为了实现目标不停地赶路，时间当然不够用了。在赶路的时候，欣赏下沿途的风景，适时停下来放松身心，你就会发现时间也跟着慢了下来。

生活中，有人觉得休息偷懒就是失败。可在很多人眼里，这根本就不算什么。按时上下班，该休息的时候就休息，允许办公桌乱一点，允许自己几次没能按既定计划完成工作，你会发现，生活还在照常运转，曾经担心忧虑的事并没有那么重要。

当我们努力地寻找伊甸园的时候，我们那风尘仆仆的脚，其实始终踩在伊甸园的土壤上，踩在快乐的土壤上。

04.幸福的人，无论在哪儿都幸福

　　常有人说，我现在不幸福，等我结了婚或买了房子……就会幸福了。事实的真相是，幸福的人在哪儿都幸福，不幸福的人在哪儿都不幸福。所以要先培养自己的幸福力，不论发生什么，别人都动不了你我的自在开心。这，才是真正强大的气场及自信。

—— 张怡筠

　　幸福，在有些人的生命里，从来都是一个无法碰触之物。

　　十年前，他一穷二白，内心无比自卑。堂堂七尺男儿，在偌大的城市里找不到立足之地，俨然一个漂泊的浪子。眼见着周围的人生活事业都有了起色，他焦急而慌张。爱慕虚荣的女友在此时离他而去，说在他身上看不到幸福的影子。他没做任何挽留，只是轻轻地说："你走吧！我确实给不了你幸福。"

　　人生的机遇，有时妙不可言。

十年后，他飞黄腾达。每天周旋在酒桌与谈判桌之间，神经一刻不得放松；看着那些山珍海味，却总是食之无味；家里的房子比曾经预想的还要大，只是他感觉不到温馨，赶上忙的时候，一个月也住不了几天。看着那些周末带妻儿外出游玩的人，他忍不住羡慕，觉得那才是真实的生活。

十年的时间，该经历的他都经历了，该拥有的都得到了，可幸福感依旧没来。因为，幸福不是物质和金钱的附庸品。没有钱的时候，感觉不到幸福；那么有了钱之后，也未必会觉得幸福。正所谓：穷有穷的烦恼，富有富的烦恼。如果心里始终充满幸福，那么金钱也不过身外之物而已，它不足以牵动你的整个身心。

有人把幸福寄托于物质，也有人把幸福寄托于婚姻。

某女十几岁时，父母离异，破碎的家庭带给了她难以抚平的创伤。她性格古怪，待人有些刻薄，认为周围人都应该接受最真实的她才对。之后，她遇见了一个老实憨厚的男人，对她宠爱有加，很快她就坠入了爱河，并答应嫁给对方。

她对朋友说："跟他在一起，我心里特踏实，不管我说什么，他都会平和地笑。我想，跟这样的人生活在一起，这辈子会幸福。过去的那些伤痛，我都会忘掉。"

事实如何呢？朋友们满心期待的结局，最终没能实现。一年之后，某女离婚了。原因是，丈夫不堪忍受她的歇斯底里、她的神经质，主动提出离开。满心期待的婚姻，终究没能给某女带来想要的幸福。

韩国作家南仁淑在《女人决定婚姻的样子》里写道，婚姻无法让不幸的人幸福，它只是人生的一个过程而已。这就如同泥浆水，用棍子搅拌，它会变得很混浊，让人觉得水已经变成另一种形态了。可是，经过一段时间的沉淀，泥浆水又会回到原来的样子。婚姻也是一样，结婚这场盛大的仪式，会让人误会一切都发生了变化，可是生活的本质没有任何改变。

人的幸福感不受金钱、婚姻这些环境因素的影响，而是被个人意志、性格等内心的因素影响。若你觉得此刻的自己不够幸福，那么纵然你变成了富翁、整容成了美女、嫁给了完美的男人，你也难以拥有长久的幸福。

结婚就像一种增幅装置：让原本幸福的人更幸福，原本不幸的人更不幸。换而言之，唯有幸福的未婚，才能造就幸福的已婚。婚姻本身并不能带来什么。

有句话说得好："幸福的人在哪儿都幸福，不幸的人在哪儿都不幸福。"或许，这才是我们都该擦亮眼睛看清楚的真相。不要苦苦向外寻找幸福，而是要从内心去培养幸福感，外面阴晴雨雪都不是关键，重要的是内里一定得灿烂。

就像画家尤里乌斯一样，他喜欢画幸福快乐的东西，这是他真实性格的彰显。偶然的一个机会，在朋友的鼓动下，他花了2马克（古代欧洲的货币计量单位）买了一张彩票。没想到结果真的中了50万。有钱后的尤里乌斯，买了别墅，买了诸多有品位的东西来装饰房子。

然而，没过多久，粗心大意的他，在一次抽完烟后，随便把烟蒂一扔，引燃了华丽的阿富汗地毯，之后烧毁了整栋别墅。朋友闻之，都跑来安慰尤里乌斯，怕他承受不了。可尤里乌斯依然和过去一样，并未觉得自己有什么不幸，用他的话说："我不过是损失了2马克而已啊！"说这话的时候，他还是一脸幸福的样子，仿佛什么都没有失去。

幸福是一种心理感受，是一种不受任何外界因素影响的权利。世间万事万物都有追求幸福的权利，我们每个人亦是，这与家世背景、财富多少、学历高低、身份贵贱没有任何关系。

一个女孩在车祸中留下了残疾，她终日为了自己需要拄着拐杖行走而烦恼。直到有一天，她看到一位坐在轮椅上的没有脚的妇女，她才发现自己是多么富有，又是多么可悲。富有的是因为她有一双脚，可悲的是她没有珍惜自己拥有的幸福。

幸福源自内心，它不是别人赐予的，也不会被任何人抢走。幸福与不幸福只是自己有没有发现它的存在而已。在这个纷繁复杂的世界上，如果你能珍惜自己幸福的权利，能不为一点小事就放弃幸福的权利，能心平气和地选择幸福，能坚持不懈地守住幸福，那么无论你身在何处，都能够感受到生命的美好，活出洒脱的姿态。

05.任何不快乐的时光都是浪费

> 迟早有一天，最好的奢侈品是好心情。若无闲事
> 在心头，便是人间好时节。我们不是大师，我们是凡
> 人。我们只能守住一方心情，一点儿爱好，并乐在其
> 中。吾性自足，不假外物，足矣。
>
> ——《在大时代，过小日子》

故事发生在美国。

一个7岁的男孩，总吵着说他想见一见上帝。母亲告诉他，上帝住在很远的地方，要走很长的路、经过很长的时间才能到达。男孩当真了，他准备了一个手提箱，里面装满了巧克力，还有几瓶饮料，他要进行一场寻梦之旅。

周末的午后，他拖着手提箱走出了家门。沿着街道一直往前走，不知不觉就穿过了三个街区。他来到了一个公园，看到一位老太太在长椅上坐着，盯着那些时飞时落的鸽子。

小男孩挨着老太太坐了下来，打开手提箱，拿出一瓶饮

料。正准备喝时，他无意间发现，老太太正看着自己，她的眼神充满了羡慕和渴望，她饿了。小男孩慷慨地拿出一块巧克力，递给了她。

老太太接过巧克力，内心充满了感激。她微笑着看着小男孩，笑容温暖而慈祥，亲切而纯善。小男孩心里觉得舒畅极了，感觉整个世界都充满了阳光，四处都是鸟语花香。

大概是被刚刚那份笑容感染了，小男孩还想再看看老人的笑脸，于是她又递给老太太一瓶饮料。这一次，老太太又欣然接受了，并回赠给他一个完美的微笑。小男孩也笑了，露出洁白的牙齿，看上去天真无邪。

那个漫长的下午，他们就那样静坐在公园的长椅上。一边吃，一边笑，自始至终却都没有开口说过一句话。

时间仿佛凝固了，谁也感觉不到它的流动，直到天色逐渐暗了下来，小男孩才意识到夜幕降临了。小男孩累了，他站起身，往家的方向走去。刚走出几步，他却突然转过身，跑到老太太的面前，张开双臂，给了她一个紧紧的拥抱。那个完美而慈祥的微笑，再一次浮现在小男孩的眼前。

小男孩快乐地回到家，拖着手提箱进了卧室。母亲觉得很好奇，这个整天胡思乱想、满脑子古怪想法的孩子，怎么突然间会这么开心？她忍不住问："孩子，发生了什么事吗？你看上去很快乐！"

"妈妈，我与上帝共进下午茶了。"小男孩得意地答道。还没等母亲反应过来，他又说道："我开心，是因为她给了我最美好的微笑！她看上去那么慈祥，那么亲切，那么完美！"小男孩一边说，一边露出喜悦的神情，他在回味下午与"上帝"共同度过的美好时光。

与此同时，在另一个家里，也上演着类似的一幕。

那位在公园长椅上静坐的老太太，容光焕发地回到家，脸上的微笑从未断过。看着她那安详、平和的神情，儿子一脸吃惊，他问道："妈妈，今天发生什么事了吗，您这么开心？"

"孩子，我今天在公园里遇见上帝了，他还和我一起分享了巧克力。"老太太兴奋地说道，脸上的神情似乎在回味与"上帝"共度的美好时光。他的儿子还没反应过来，老太太又说："你知道吗？没想到上帝那么年轻，比我想象中要年轻得多……"

散文大师张中行先生曾在《快乐》一文中说："快不快乐，完全是由自己的想法决定的。"小男孩和老太太都没有遇见"上帝"，他们邂逅的不过是一直存在却久违了的那个快乐的自己。

人生有太多不确定因素，任何人都有可能会被突如其来的变化扰乱心情。与其随波逐流，不如有意识地调整自己的心情。许多时候，不是周围的事物打扰了你的快乐，而是你在纷

金門橋是世界上最大的懸橋之一，今則已被一九六四年

乱的事物中，丢失了一份快乐的心。

一位郁郁不得志的诗人，在家门口的河边散步。望着平静的河水，他的心稍稍才好过一些。

夜幕降临后，河边的路灯亮起，朦胧中有一种别样的安宁。忽然，一阵悠扬的萨克斯声响起，是那首经典的《回家》。这旋律实在太美妙了，让人顿时静了下来，心里感到一阵愉悦。

诗人刚要驻足聆听，声音却戛然而止。

陌生的男子带着微笑走到了诗人面前，手里拿着一把萨克斯。夜色朦胧，可那抹灿烂的笑容，还是点亮了诗人眼前的世界。

诗人友好地上前打招呼："您好，能与您相逢，是我的荣幸。"

陌生男子问道："你我萍水相逢，何出此言？"

诗人说道："我在你的音乐里，找到了我向往的人生。你的笑容也告诉我，你一定生活得很快乐，没有风霜的侵袭，没有忧愁的牵绊……"

"哈哈……你是作家吗？"诗人说话的方式，让陌生的男子感到有些不习惯。笑过之后，男子说道："你错了，老兄！今天上午我才和妻子离了婚，就在刚刚，我又丢了钱包，里面有证件和钱，连公交卡也在其中。我正想着要怎么

'回家'呢！"

诗人简直难以置信，瞪着眼睛问："那，你还有心情吹萨克斯？"

陌生男子摇摇头，说："为什么不能吹呢？为什么不享受这点快乐呢？我已经失去了那么多，若再愁眉苦脸，岂不是一无所有了吗？"

说罢，男子潇洒地离去，剩下诗人独自在河边沉思。

其实，快乐就像是一颗种子，你允许它在心里生根发芽，它就会变成蒲公英，洒满你的整座心房；快乐又像是天上的风筝，线在你手中，拉一拉它就会回来。只要学会去感受、去享受生活中每一处细微的美好，就可以活得轻松、洒脱。

Chapter3
过去的就让它过去，未来的等来了再说

无论那些过往，有多么让你难堪、让你痛苦、让你不安，它都已经成了你的一部分。过去的惊天动地、不可释怀都会变成可有可无的茶后话；沉湎于过去，不过是自欺欺人而已。无论我们走到生命的哪一个阶段，都该喜欢那一段的时光，完成那一阶段该完成的职责，顺其自然，不沉迷过去，不狂热地期待未来，生命这样就好。

01.淡漠一笑，比报复更加厉害

　　一生当中，你会碰到很多混蛋。他们伤害你，是因为他们愚蠢，你不必因此回应他们的恶意。世上最糟的就是自卑和报复心理，永远要维持自尊和诚实廉正。

　　　　　　　　　　　　　　——《我在伊朗长大》

　　医院的急救室里，医生们表情凝重，护士们神色匆匆，大家正在抢救一个吞食大量安定的女孩。

　　洗胃是一件极其痛苦的事，一迈进急救室前面的走廊，就能听见女孩的嘶号声，那声音令人不寒而栗，俨然就像一只困兽发出的哀号。女孩的家人在外面焦急地等候，他们还闹不清楚是怎么一回事，她究竟遇到了什么事，以至于想要放弃生命？

　　真相很简单，女孩不过是想报复一个人，一个负了她真心的男人。她觉得，自己若是死了，他就会一辈子生活在阴影里，觉得亏欠她。可惜的是，她没有死成，当她在医院里忍着洗胃的巨大痛苦时，那个男人根本就没有出现。

她所做的一切，不过是自己的一厢情愿。她所设想的报复计划，不过是自己的一意孤行。你生或你死，负心的人根本不在乎。好在，女孩保住了性命，还有机会想明白这个道理。

几天后，同样是在这间急救室里，抢救不足三分钟，一个如花般的生命就陨落了。

这次的女孩不是自杀，而是被男友捅了两刀，刀刀致命。再有半个月，她即将拿到医学院的学士学位，而捅了她的男友也和她一样。这对年轻的情侣，都出生在农村，能够考上知名的医学院，已是难得。现在，一个离开人世，一个锒铛入狱。

这一场悲剧的发生，依然源自报复。

毕业之际，总是伤感的。对某些情侣来说，更是到了分道扬镳的时节。接受审讯时，男孩坦言，女孩想去别的城市发展，提出与自己分手。谈了这么久的恋爱，他对女孩用情至深，他觉得女孩太过心狠，说放手就放手，一气之下，就想到了报复。他解释说，其实自己真的不想杀死女孩，可是他忘了，他是学医的，他对大动脉的位置把握得无比精准，而当他丧失理智时，就什么都不顾了。

女孩走的时候，父母还在赶往医院的路上，根本没来得及看女儿最后一眼。她的同学在门外哭泣，报复她的昔日男友也在铁窗内落下悔恨的泪。

伤人者自伤。或许，他们都明白这一点，但在迷失心智的那一刻，却全然忘记这一点，只记得报复。报复是什么？那是一把双刃剑，当时你畅快淋漓地刺伤那些伤害你的人的同时，也在伤害你自己和那些真正爱你的人。

对过往的伤害，念念不忘，并非好事。那些爱你的人，会因为你的离开而痛彻心扉；那些不爱你的人，既然已经决定放手，那么你的离开充其量不过是人生的插曲。最凄凉的是，还有人会把你的永远离开当成解脱，你那珍贵的生命对他们而言，只不过是最微薄的馈赠。

既如此，又何必恋恋不忘，伤害自己呢？忘记报复，摆出一副不在乎的姿态，对曾经伤害过你的人来说，才是最有力的回应；而对自己来说，更是一种心灵的自由。

女人的丈夫出轨了，在无力挽回的情况下，他们离了婚。原本，她是这场婚姻里最无辜的一方，却不料人言可畏，竟有人诽谤她是"罪魁祸首"，把离婚的责任全都归咎于她身上，说她不顾家，经常在外面与人应酬，作风不正派。

朋友来探望时，说："我都替你委屈，明明是为了养家糊口拼死拼活地工作，却被说成作风有问题。告诉你，我知道这些话是从谁嘴里说出去的……"话刚说了一半，女人摆摆手，说："你千万别告诉我，我不想知道。"

朋友很诧异，问："你竟然不想知道？"女人说："对，我不想知道。知道了又怎么样？难道去报复他吗？有些事情不需要知道，需要忘记。"女人的豁达与平和，让朋友不禁大加赞赏。倒不是赞誉她的品行多么高尚，而是对她这种生活态度有一种敬畏。

你念念不忘那些已经存在的伤害，想用报复去刺痛伤害你的人，无疑也是在给自己的伤口撒盐。当你选择忘记，选择不在乎，那些伤害过你的人，原以为会看到你怨毒的眼神和无力的挣扎，用最不屑的言语来讽刺你，却不料你已经不记得他，视之为空气。对他而言，那是怎样一种失望和不甘？

人生就像是一次长途跋涉，不停地走，不断地看到新的风景，其间也会遇到坎坷。如果把走过的路、看过的风景都牢记于心，只会徒增负担。阅历越丰富，压力就越大，倒不如一路走来一路忘记，永远轻装上阵。

对那些已经无法更改的伤害，更是不必耿耿于怀，试着每天忘记一些不该记住的东西，把锁上的心门打开，让自己寻找快乐。你会发现，天空并不是那么灰暗，痛苦也不是紧紧围绕着自己，伤心的感觉总会慢慢减弱。世间万事总有它的因由和无奈，浅笑安然，好过背负着报复的利剑。

02.沉湎过去的人是在骗自己

诉说未来的人是在骗别人，沉湎过去的人是在骗自己。在白天言不由衷，在黑夜细数伤口，是多少人的常态？究竟一个人要隐藏多少心事，才能巧妙地度过一生。

——《不畏将来，不念过去》

他说："我是一个在时光褶皱中拥着回忆舒舒服服睡着的孩子。"

睡梦里，一切都是最初的样子。父亲依然是可以那个"呼风唤雨"的建筑公司老板，母亲依然是那个每天笑靥如花的贤惠模样。20岁的年纪，他还会因为喜欢某一款新型手机而伸手向父亲耍赖"借钱"，还会像"跟屁虫"一样追在母亲身后问她晚饭吃什么。梦里的心情，就像那套几年前新置的大房子，宽敞明亮。

睡梦里，不知多少同龄人明里暗里地羡慕过他：有那么好的家境，不愁吃穿，偶尔还能跟着父亲做点小工程，学点实际经验。大家都说，他的未来不用规划，不用发愁，自然而然地子承父业即可，比游走在城市的各个角落找工作要强百倍。其实，他根本没有认真考虑过前程，父亲就是他最大的依靠，母亲就是他最好的避风港，有他们为自己着想算计，他的生活只要开心便是。

然而，梦醒后的生活，残酷而悲凉。

他怎么也想不到，不过三四年的光景，家里的富丽堂皇就变成了一种虚设。表面上看，他们依旧住着大房子，开着不错的车，可实际上，父亲的公司已经亏欠外债近300万。追债的人每天电话不断，砸门声经常在午夜响起，以至于他们后来不得不搬了家，闲置了房屋。好几次，他亲眼看见父亲就睡在车里，俨然有一种随时准备"逃离"的架势。

大学要毕业了，周围人开始寻找工作的时候，他没能像往常一样，跟着父亲出现在某个工地，学着如何做生意。他和他的家人，在四处躲债，居无定所。未经世事的他，生活一直优越富足，根本不知如何应对外面的世界；更何况，现在遭遇了如此大的变故，他脆弱的心更是承受不了。

仿佛一瞬间，什么都失去了。家人都还在一起，可氛围却已不似当初。若说唯一值得欣慰的，就是昔日的女友还在，不离不弃。只不过，两人天南海北地分隔着，安慰也只是手机屏

幕上的只言片语，和听筒里传出的声音。

他始终没有出去工作，他说根本不知道自己可以做什么。家里的变故他没有跟身边的朋友提起过，这样，他还可以假装一切都没变，依然请朋友吃饭喝酒，继续扮演着被人羡慕的富家子弟的身份。买醉之后，只剩下干瘪的口袋，回到家只好暗自神伤。

与人聊天时，包括和女友说话，他很少谈及未来，说的总是过去的那些风光的事，到过什么地方，见过什么人，吃过什么东西。当别人说起未来的时候，他总是沉默不语，然后找个话题岔开。

女友终于鼓起勇气告别原来的城市，来到他身边，谋求新的发展、新的生活。当然，最终的目的，是想陪伴他。他还是老样子，喜欢说过去的自己，谈论过去的生活，还带她去看了那许久不住的豪宅，尽管里面已经没有一点儿温馨的感觉。

不久后，女友找到新的工作，为今后的人生开始新一轮的奋斗。他，浑浑噩噩地度日，并未想过做出什么改变。或许，不是不想，是根本不敢，没有足够的勇气。看到女友在新单位里不断进步，他内心的卑微感又重了，能够排解心情的，只有酒精。

看到他买醉的样子，女友一杯酒泼在他脸上。他惊呆了，认识那么久，她向来温和，像一杯暖心的奶茶，可那一刻的她，却像只凶猛的小兽，目光犀利，他根本不敢正视。接着，他听到了一番直戳心窝的话——

"你除了会喝酒，会买醉，会逃避，还会什么？整天说着过去如何如何，告诉你，没有人欣赏你，你不过是在欺骗自己。因为，你在逃避！你活在真实和虚幻之间，根本不敢去想明天，你对自己没有信心，对生活没有勇气！难道，你就想这么自欺欺人地过一辈子，懦弱地活在回忆里？"

他感觉，胸口像被插进了一把锋利的刀，剜心地疼，却又无比真实。这么久了，没有哪一刻像现在这般真实。他的眼睛突然模糊了，仿佛看见了那个懦弱的、胆小的自己站在眼前，朦朦胧胧地露出狰狞的笑脸。

怀念过去的点点滴滴，怀念过去所拥有的，可如今早已物是人非，只是自己一直不敢承认和接受罢了。人总要长大的，过去再美好，也终究是过去，那只是一段随风而逝的时光。沉湎于过去，不过是在欺骗自己，给自己继续沉沦下去找借口。

他突然明白了，活在过去虽不用面对现实，可现实依然会在他清醒的时刻，不时地刺痛他那根敏感的神经。若想彻底结束这份煎熬和苦痛，就只有直面惨淡的现实，把过去留给时间老人，把握好现在，过好今天。

之后的他怎么样了？就像普普通通的年轻人一样，走进了社会，体会着磕磕绊绊，在磨炼与坎坷中不断地成熟。至于父亲欠下的那些债，他们卖掉了豪宅和车子，一部分用来抵债，一部分用来做小生意的本钱。日子不再那么轰轰烈烈，就像他儿时印象里的那个模样，父亲辛苦地谋生活，母亲照顾家里，唯一不同的是，他在经历了那段沉沦的岁月后，长成了一棵树，可以跟亲人、爱人并肩抵挡风雨的、有独立根基的树。

世间再美好的、再伤痛的，都会成为过去，只剩下一些隐约的残片，挂在孤独的心房。也许你正经历着和他相似的人生，也许你曾有过那样一段岁月，但无论怎样，都请记得：不要沉溺于过去，在奋斗和成长的路上，不要畏惧改变，你失去的只是短暂，追寻的却是永远。

03.原谅别人时，别忘了原谅自己

与爱相比，所有的错误，所有的误会，所有的纠结，又算什么。谁的人生不是沟沟坎坎，谁的情感婚姻是一帆风顺？给自己一个理由，原谅对方的同时，也别忘了原谅自己。生活还在继续，错过后，难过后，要懂得适时原谅自己，才有勇气去闯荡明天，用心拥抱世界，用长茧的双手摘下星辰。

——心灵咖啡网

美国作家阿尔伯特·哈伯德在《你不必完美》的文章中，讲述过这样一件事：

因为在孩子面前犯了一个错误，他心里非常内疚。他害怕自己在孩子心目中的美好形象被摧毁，害怕孩子们不再爱戴他、尊重他，因此一直不愿意主动认错。

心灵的煎熬，一天又一天地折磨着他。终于有一天，他忍不住了，主动找孩子们承认了错误。结果，他惊喜地发现，孩

子们并没有因此而嫌弃他，反倒比以前更爱他了。他由此发出感叹：人类所能犯的最大的错误，就是害怕犯错误。人犯错是在所难免的，那个经常会有些过失的人往往是可爱的，没有人期待你是圣人。

生活中，纠结的何止哈伯德一人呢？

多少人都曾有过类似的感受：做一件事时，只要出了一点很小的错误，哪怕是不如别人做得好，都会夸张地认为整件事情都做错了，且不愿面对自己已经犯下的错误，害怕这个错误会毁坏自己的好形象。更有甚者，做事之前总是犹豫不决，拖延怠倦，前怕狼，后怕虎，好不容易做完了，又生怕有什么疏漏和错误。他们希望事事都能够顺遂，没有任何意外。事实上我们都知道，计划赶不上变化。

其实，错了就错了，是人就会犯错误，知错能改，善莫大焉，有什么大不了的呢？就像哈伯德讲述自己的那段经历一样，你承认错误没有人会嘲笑你，反而会觉得你诚实、诚恳，更何况每个人都会犯错，这也不是不可饶恕的罪过。相反，你越是想逃避，越是不敢去面对，越是怕损害自己的完美形象，往往才让人觉得你不可理喻、不明事理。

当然，若能弥补一个过错，还算幸运的。最折磨人的，莫过于那些已经酿成却没有机会再弥补的错误。这就像一个疙瘩，在心里一辈子也难解开，或者根本就不想去解，自己煎熬，周围的人也跟着难受。

有位母亲，每次提及儿子的耳疾，都会痛苦不已。儿子很小的时候，发过一次高烧，初为人母的她没什么经验，也不知道小儿发烧的严重性，等她将孩子送到医院救治的时候已经晚了，导致孩子的耳朵受到了严重的损伤，在未来的日子里只能戴着助听器生活。

刚得知这个结果时，她整个人都崩溃了。那种内疚、自责和悔恨，令她整夜整夜失眠。她总是哭着说："如果我能上点心，早点带孩子去看，他就不会这样了。"这种内疚感一直持续了两年，忧思过度的她，最后得了抑郁症。照看孩子、做家务的事，全都落在丈夫和婆婆身上，他们在忙碌之余还要开导她、安慰她，日子变得一团糟。

一场不可逆转的悲剧已经降临，痛苦、挣扎又有什么意义呢？自责和内疚换不回一个健康的孩子，只能让郁闷成灾，惹更多无辜的人劳心牵挂。说到底，这究竟是在惩罚自己，还是在伤害别人？

谁都不是圣贤之躯，犯错在所难免，任何成长都会伴随着犯错误。很多事情过去就过去了，错了就错了，心里认识到了就已是一种收获，实在不必终日带着内疚生活。

退一步说，就算没有那个错误的存在，你也不能保证一个人、一件事，以及整个人生都会完美无缺。在生命的这条长河里，不会总是风平浪静，谁也无法预知何时会激起浪花，避开了一处暗礁，还可能会遇到更大的阻拦，我们唯一能做的，就是向前看，而非频频回头。

允许自己犯点错吧！犯了错，自嘲地对自己笑笑，潇洒地走出烦恼的世界。犯了错，别用近乎自虐的方式惩罚自己，为自己找个理由或借口，或许心里会好受一些。这不是逃避，而是让心能够容纳人生的瑕疵，将经历过的失败、犯过的错误，变成弥足珍贵的经历和经验。

某心理网站曾刊载过一首小诗，每当内疚涌上心头，过去的错误又开始折磨你的心灵时，不妨把这首诗念给自己听：

原谅自己，因为生活还要继续／原谅自己，人总要学会长大和忘记／原谅自己，在累的时候力不从心／原谅自己，在失意的时候偶尔放纵自己／原谅自己，说好的坚强最后却忍不住悲伤／原谅自己，决定了飞翔，却又临时收起臂膀／原谅自己，无路呐喊时的心绪，那是成长的彷徨。

错了就错了，别为难自己。有时，人生只需要拐个弯，就会海阔天空。

04.其实，你真的不必害怕明天

> 人生从来不是规划出来的，而是一步一步走出来
> 的。找到自己喜欢的事，每天做那么一点点，时间一
> 长，你就会看到自己的成长。
>
> ——《这辈子最渴望做的那些事》

大概有那么一两年的时间，他一直处在极度焦虑的状态
中，情绪也是起伏不定。唯一的发泄方式，就是在网上写点东
西。理解的人会留下些安慰性的文字，不理解的人就笑笑，看
不懂的人说他是在"发神经"，活得虚无缥缈。

他的焦虑不是无缘无故的，许多人都经历过：不敢去想未
来，不知道明天会在哪里。

走出象牙塔，漂泊在异乡，手里攥着仅有的几百块钱，租
着一间简陋的卧室，每天去网吧投简历，将城里的各个区都跑
遍了，两个月下来，就是找不到合适的工作。手里的钱越来越
少，眼瞅着昔日的同学朋友都渐渐稳定了下来，心里不由得着

急和恐慌起来。

最难受的，是父母打电话来询问近况。实话实说，自己面子上挂不住。父母供养自己多年，盼到了大学毕业，总以为就熬出头了，要知道自己连工作都没找到，怕是心里会失望。自己能做的，就只有违心地报喜不报忧，说自己一切都挺好，挂了电话后，再偷偷地抹两把眼泪。倒不是觉得委屈，而是体会到了生活的艰难和无奈。

没毕业时，想着繁华的大城市，遍地都是施展才华的机会，就像田野里到处盛开的小野花一样。可真的步入了社会，才知道多数人不过是凑合着过日子，先在这个无亲无故的城市里活下来，才有资格再去谈梦想。

第一份工作，每个月工资1 200块，他接受了，因为别无选择。月底发工资，按照天数计算，他拿到了400块钱。那400块钱，对当时的他来说，俨然就是救命的稻草，他握到手心出汗，心里默念着一句话：终于可以生存了。

随着生活渐渐步入正轨，生存的压力也得以解决，最起码他已经租得起便宜的房子，吃得起小餐馆的饭菜。然而，最初的那份焦虑却没有随之消散，反而愈演愈烈了。

周围有人升职加薪，有人出国留学，有人进了外企，有人买了房子，有人开上了车，还有人已经开始筹备结婚的事了。别人的生活似乎总在大步向前，而自己却只能满足基本的生活要求。身边的女友也不再像大学时那样简单纯粹了，一份可爱多冰激凌已经无法打动她的心了，她现在想要是哈根达斯；看到别人已经在这个城市买了房子，有了一个属于自己的家，再看着自己的这个简陋的出租房，她满心委屈，虽未直说，但一切都写在脸上。

他慌了、乱了，面对着现实中的自己，他不知道自己还有没有明天。他所憧憬的那些未来，他给她的那些承诺，似乎已成为一个遥不可及的梦。

终于，爱情败给了赤裸裸的现实。女友离开了，接走她的是一辆轿车。他不怪她，毕竟相爱一场，谁都有权利选择自己想要的生活。更何况，自己无法给她承诺未来，就连他明天身在何处，也是一个未知数。

许多事，想通了，就不会再纠缠下去，也不会一直颓废消沉。失恋虽然痛苦，但他还是清醒的。为了尽快调整好状态，将自己从过去的回忆里抽离，他将大把的时间和精力投入到工作中，不再关注谁结婚了、谁买房了、谁升职了，那些只会平添烦恼。

他从原来的办公室职员，调到销售部做业务，每天早出晚归，跟许多陌生的客户打交道。这仿佛是一扇特别的窗，让他有机会见识到另一个世界，也为他的事业开辟出了另一条道路。他忘记了时间、忘记了忧虑，专注于每一天的任务，专注于每一位客户。从最初的屡屡遭拒，到签下的小订单，再到后来的大订单，虽然这一路走来并不平坦，但却给他带来了莫大的鼓舞和信心，不仅治愈了他心底的伤，还驱散了他那些莫名的焦虑。

忙碌的日子总是过得很快。现在的他，已经有了自己独立的办公室，办公室的门上赫然写着三个字——经理室。是的，靠自己的奋斗和努力，他已经成了公司的业务经理，有公司配备的车，房子虽然还是租的，却早已不是简陋的小屋了。

每逢节假日，他可以坦然地给父母打电话，告诉他们一切安好，偶尔还会接父母过来小住。至于感情，那个最重要的位子依然空着，但他不再焦虑、不再恐慌，倘若遇见对的人，他相信，自己能够给她幸福，也可以承诺给她一个温暖的家。

回首走过的这段历程，他总是笑着说："曾经，我很关心我的未来，关心我的明天，每天都很焦虑，失眠惶恐，惴惴不安。后来，我只关心我的今天，结果日子开始变好，事业也顺利了许多。我突然明白，过去怎么样不重要，未来怎么样也不重要，拼命地去想、去担忧，更是枉然。不如就活在今天，活在这一刻，至于明天是好是坏，不用想那么多，只要做好该做的，无悔于今天，明天就不会太差。"

没错，人生路上有无数的驿站可以歇脚，有的包袱可以等到该背的时候再去背，用不着把所有的包袱都背在今天的背上。你我都只能活在眼下，所以，真的不必害怕明天。

05.不幸福，并非是生活亏待了你

总是不舍得让过去的都过去，因此惹了许多心
苦。总因太多恋恋不舍，最终导致两手空空。不幸
福，并非都是生活亏待了你。只因贪恋过去，阻挡了
迎面而来的幸福。

——苏芩

一条鱼在大海里闲游，感觉生活很枯燥，一心想找个机会
离开大海，看看外面的世界。

某天，它被渔夫打捞了上来，兴奋得在网里活蹦乱跳，心
想着终于脱离了苦海，可以自由呼吸了。它蹦得很高，当听到
渔夫和他儿子讨论如何烹制它的时候，它重重地摔了下来，昏
了过去。

醒来的时候，鱼发现自己在一只破旧的水缸里。原来，是
它那身漂亮的斑纹救了它。渔夫看到它如此漂亮，便决定留下
它。鱼在那只破水缸里，欢快地游来游去。

每天，渔夫会给它放些鱼虫，而它则会晃荡着身子，向渔夫展示自己漂亮的斑纹，讨主人欢心。

渔夫一高兴，又给了它一把鱼虫，鱼贪婪地吃着，吃饱了睡个安稳觉，美滋滋的。

它开始庆幸自己的美妙命运了，庆幸现在的生活。想想当初在海里，自己不得不出去找食，还得提防敌人的袭击。海里的那些朋友们，现在可能几天没吃过东西了，也可能成了别人的盘中餐。想到这里，它又吞下了一群鱼虫，自言自语道：这才是幸福的生活啊！

这时的它，再也不想回到海里了。

渔夫又要出海了，这一走大概要半个月，只留下儿子在家。第一天，鱼没有按时吃到美味的鱼虫。第二天，它仍然没有吃到。它有点不高兴了，抱怨渔夫的儿子怠慢了它这么漂亮的鱼。第三天，它饿得有点发慌，晕晕乎乎，游也游不动了。第四天，渔夫的儿子想起了它，随手给了它一点残羹。或许是饿坏了，鱼大口大口地吃起来，没有挑剔。

此后的那些天，渔夫的儿子隔三岔五地给它点剩饭，鱼很不高兴。

几天之后，渔夫的儿子也走了，因为渔夫遇难了。鱼在缸里大喊："喂，不要丢下我，把我也带上！"可惜，没人理会它。

想到渔夫从前对自己种种的好，鱼很伤心；想到今后的自己无人照料，被困在这水缸里，它又心生抱怨，抱怨渔夫轻易出海，抱怨渔夫的儿子怠慢自己，甚至抱怨自己当初离开大海时为何无人阻拦，抱怨它所经历的一切，而它却忘了抱怨自己。抱怨累了，它就在水缸里虚无缥缈地幻想着，想着有富商经过，发现它这条美丽的鱼，然后把它带回家好生伺候。

　　夜幕降临，整个世界都安静了，那只破旧的水缸还在，水缸里有一条漂亮的鱼，死鱼。

　　自然赋予了每种生物独特的生存空间，任其在那片天空翱翔，创造自己的奇迹。鱼本就属于大海，却贪恋着人世间的繁华，希冀着被人伺候的日子。得到的时候，不知感恩；失去的时候，只会抱怨，觉得生活亏欠了自己，渔夫和儿子怠慢了它。

　　这条鱼总是幻想在别人的世界里得到幸福，并且不可自拔地沉醉在扭曲的生活方式里。在大海里生活时，它抱怨日子过得辛苦；到了人世间，它依然抱怨不休。到了最后，已经濒临死亡的边缘，却还是贪恋着那段舒适的日子，断送了生存的活路。

　　一位普通的男士，经过几年的奋斗，有了自己的小公司和办公楼。因为待人温和，使得他在业界备受尊崇。

　　那天，他离开办公室，准备去路旁的咖啡厅，在途中听见

身后传来"嗒嗒"声。直觉告诉他，那是盲人的盲杖敲打地面发出的声响。他愣了一下，尔后缓缓地转过身。盲人察觉到了前方有人，咧着一嘴黄牙笑道："先生，您一定是看到了我可怜的样子，能占用您一点时间吗？一会儿就好。"

男士温和地说："我约了一位重要的客人，如果有事，请你快点说吧。"

盲人从身上的口袋里摸出一个打火机，放到男士的手里，说："您看，这个打火机只需要一美元，这可是最好的打火机啊！"

男士从兜里掏出一张钞票，递给了盲人，说："谢谢，我不抽烟，但我愿意帮你。这个打火机，或许我可以送给楼下搬运货物的年轻人。"

盲人用手摸了摸那钞票，发现竟然是一百美元。他高兴坏了，反复地摸着那钱，连声道谢："谢谢您，您是我见过的最慷慨的先生，上帝会保佑您的。"

男士笑笑，继续往前走。然而，盲人并未离开，一直跟在他身后，嘴里还喋喋不休地说："您知道吗？我不是天生的瞎子，是20年前布尔顿的那场事故让我变成瞎子的，那真是我一辈子的噩梦。"

男士回过头来，震惊地问："你说的，是布尔顿工厂爆炸的事故吗？"

发现男士对此很感兴趣，盲人连忙说："是啊！您也知道那件事？唉，那次事故死了93个人，伤了好几百人，当时都上了头条啊！"盲人想用这件事博取男士的同情，争取得到更多的钱，他接着说："这些年，我真是太可怜了，四处流浪，无家可归。您不知道，当时大火突然就窜了起来，人们都挤在一起，我好不容易跑到门口，一个大个子却在我身后喊，让他先出去，说他还年轻，不想死。结果，他把我推倒了，踩着我的身体跑了出去。之后，我就什么都不知道了，等我醒来，眼睛已经失明了。我真是太不幸了，命运捉弄人啊！"

男士突然冷冷地笑了，说："我想，你可能说反了。事实应该是，你踩着别人的身体跑过去了，你比那个人高大，而那句'我还年轻，我不想死，让我先出去'也是你喊的，我说的没错吧？"

盲人愣住了，用空洞的眼睛对着男士。看到盲人沉默了，男士继续说："当年，我也是布尔顿工厂的工人，那个被推倒在地的人就是我，你说的那句话，我一辈子都忘不了。"

片刻后，盲人才缓过神来，抓住男士的手，大笑道："这都是命运的不公，是生活亏待了我，你没有逃出来，现在却成了有钱人；我逃了出去，却成了没有用的瞎子。"

男士推开盲人的手，举起手里那个精致的手杖，平静地说："我跟你一样，也是个瞎子。只不过，你相信命运，我不信；你怨恨过去，我坦然接受。"

故事的真假我们无从知晓，但故事的情节会触动人内心深处的敏感神经。许多人都抱怨过命运，把那些不美好的、惨痛的过去，归结于命运的不公，仿佛生活亏欠了他，习惯把自己置身于弱者的立场，用各种借口掩饰自己的懦弱和无能。结果，该来的还是来了，已经发生的无可更改。

很多时候，不幸福，不是生活亏欠了你，而是你不肯放过自己。若能坦然地接受外在的环境和岁月的洗礼，纵然过去的日子里有伤、有痛，也会把生命中所有的挫折当成该修的功课，心甘情愿地去接受。这是一种修行，也是一种蜕变。

Chapter4
尽己而知天命，活出最好的自己

打拼和上进，不是做给别人看，而是为了不枉此生。怀抱着这份信念，得意的时候才不会骄傲自满；不如意的时候也就懂得变通和自省。人生要有这种高度，才能够面对境遇的无常；毕竟，好运不会永远站在你身边。尽己而知天命，我只要活出最好的自己。我活着，不是要跟任何人比较。

01.生命在于内心的丰盛

　　你是一个什么样的人，就会听到什么样的歌，看到什么样的文，写出什么样的字，遇到什么样的人。你能听到治愈的歌，看到温暖的文，写出倔强的字，遇到正好的人，你会相信那些温暖、信念、梦想、坚持等看起来老掉牙的字眼，是因为你就是这样子的人。

——卢思浩

　　"有些人浅薄，有些人金玉其外而败絮其中。有一天，你会遇到一个彩虹般绚丽的人，当你遇到这个人后，会觉得其他人只是过眼云烟。"这句经典台词，来自《怦然心动》，一部温馨的美国青春电影。

　　一对年少的恋人，一棵美丽的梧桐树，一段简简单单的故事，讲得荡气回肠，令人回味无穷。在讲述美好纯真的感情之外，它也淋漓尽致地展现了不同人的内心世界。

女主人公茱莉·贝克，从十几岁开始，就有了超脱的自省意识，会审视自己喜欢的人究竟值不值得爱。一旦触及她的自尊，便立刻放弃。这一切，源自她的成长环境。

　　茱莉的家，看起来是那么格格不入，在整个街区的人眼里，她和她的家人简直就是异类。茱莉的父亲有一个因为出生时被脐带勒着而脑瘫的弟弟，可他们一家人从未嫌弃过他，即便自己的日子过得艰辛，也要为他支付高昂的私人疗养费用。

　　茱莉的父亲是一个业余画家，母亲善解人意，两个哥哥酷爱音乐，而茱莉最喜欢的，就是家附近的那棵高大的梧桐树。他们过着简单且有点拮据的生活，有一辆破旧的皮卡车，庭院里长满了杂草，屋后还养着小鸡……与周遭那些漂亮的洋房花园，有着天壤之别。然而，茱莉从未因此而感到自卑。她的家，有欢笑，有关爱，有理解，有尊重。

　　茱莉和其他的女孩子不一样，她极少谈论衣服、头饰，也不会矫揉造作地装可爱，她喜欢的是家附近的那棵高大的梧桐树，并时常会爬到树上坐着。在树上眺望远方，她说自己看到了世界上最美的风景。直到那一天，梧桐树被人砍倒了，她捂着脸哭了好几个星期，那棵树对她来说，象征着美，象征着全世界。画家父亲为了安慰茱莉，给她画了一幅美丽的画，让那棵梧桐树成为永远定格的回忆，并让茱莉永远记住那段快乐的时光。

茱莉的家，没有优越的物质生活，却拥有一颗自由而丰富的心。每每看到他们，感受到的永远是一股温情，一种美好，那胜过世间所有奢华的物质；充满欢笑的家，胜过所有富丽堂皇的城堡与宫殿。

　　一街之隔，就是男主人公布莱斯的家。两个家庭，从物质到思想，都形成了鲜明的对比。

　　布莱斯的父亲是一个冷漠无情、近乎迂腐的人。父亲在家的时候，家里永远死气沉沉。父亲总是在不停地讽刺和鄙视茱莉的庭院和他们的生活，在他光鲜的外表下，仿佛有什么东西在腐烂。有一处情节，布莱斯说，父亲其实只是看不起自己而已。他努力地挑剔别人，不过是在掩饰那个懦弱无能的自己。

　　男孩布莱斯起初并不喜欢茱莉，他觉得这个女孩太奇怪。七岁初次见面时，茱莉紧紧地拉住了他的手，吓得他只能往母亲的背后躲。后来，他们成了同学，茱莉对他的热情惹来了周围同学对他的嘲笑。为了摆脱茱莉，他故意接近虚有外表却没有内涵的雪莉。

　　布莱斯的外公与他们同住，但他极少与家人沟通。很多时候，他都是一个人在看报纸。偶然的一天，布莱斯的外公让他看一则新闻，是关于茱莉的，她要誓死捍卫那棵梧桐树，不肯让砍伐工人们动那棵树。

　　布莱斯看完报道后一脸不屑，他觉得茱莉"不正常"，没想到，外公却对他说："有些人浅薄，有些人金玉其外而败絮其中。有一天，你会遇到一个彩虹般绚丽的人，当你遇到这个人后，会觉得其他人只是过眼云烟。"

外公的态度让布莱斯很意外；更让他意外的是，某天回家时，看到外公竟然和茱莉一起整理她家的庭院，两个人有说有笑。也许，布莱斯是真的嫉妒了，外公从来没有这样对自己笑过，也很少在家里如此开怀地笑。他质问外公，为什么要帮茱莉整理庭院。外公的回答让布莱斯大吃一惊，他说，茱莉很像布莱斯的外婆。她们都有一双善于发现美好的眼睛，一颗纯净善良的心。外公引导着布莱斯，摒弃所有偏见，试着去了解这个姑娘。

就当茱莉与布莱斯开始渐行渐远的时候，布莱斯突然对茱莉怦然心动了。他意识到，这个女孩有多么与众不同：她如此热爱生活，个性独立，活得快乐而有尊严。此时的他，也深深体会到了外公所说的那番话。

其实，生命在于内心的丰盛，而不在于外在的拥有。那些金玉其外而败絮其中的人，经不住时间的考量，亦经不起岁月的沉淀；唯有内心熠熠生辉的人，才能让生命散发出别样的光彩。但愿，在有生之年，你可以成为一个如彩虹般绚丽的人。

02.沉淀自己，做一个温暖的人

做一个温暖的人。做一个爱笑的人。高兴，就笑，让大家都知道。悲伤，就哭，然后就当作什么也没发生。快乐并懂得如何快乐。过最本源的生活，做最真实的自己。

——《从今以后，试着做一个这样的人》

拿破仑·希尔说："找到幸福最有保障的方法就是奉献你的精力，努力使其他人获得快乐。幸福是捉摸不定、透明的事物。如果你决心把幸福带给其他人，那么你自身的幸福也会自然而然地到来。"

1921年，路易斯·劳斯到星星监狱担任监狱长。所有人都知道，那是当时最难管理的监狱。然而，20年后，当劳斯退休时，星星监狱已经成了一所提倡人道主义精神的模范机构。社会各界把功劳全部归于劳斯，可当记者问及该监狱改观的原因时，却听到了一个意外的回答："这都是因为我已去世的妻子——凯瑟琳，她就埋在监狱的外面。"

　　劳斯出任监狱长时，每个人都提醒凯瑟琳，千万不要踏进监狱，她只当没听见。监狱里第一次举办篮球赛时，凯瑟琳带着三个可爱的孩子，坦然地走进了体育馆，和服刑人员坐在一起观看比赛。她的态度很坚定："我要和我的丈夫一起，关照这些人，我相信他们也会关照我，我不必担心什么。"

　　曾经，一位被判有谋杀罪的犯人失明了，凯瑟琳知道后前去看望。她对这位犯人没有一丝一毫的偏见，就像关切朋友那样握住他的手问："你学过点字阅读吗？"那犯人根本没听说过，问："什么是点字阅读？"于是，凯瑟琳开始教他点字阅读，不厌其烦。多年后，想起当年的这一幕，想起这位有爱心的女士，那个犯人的眼睛里还会有泪光闪动。

　　在1921年至1937年间，凯瑟琳多次造访星星监狱。许多人都说，她就是耶稣基督的化身。然而，不幸的是，这位美丽而善良的女性，在一次交通意外中永远离开了人世。

　　她去世的第二天，劳斯没有上班，消息很快传遍了监狱，大家都知道凯瑟琳出事了。第三天，她的遗体被运回家。她的家距离监狱不算太远，代理监狱长清晨散步时惊奇地发现，一群看上去最凶悍、最冷酷的囚犯，竟然整齐地汇集在监狱大门口。他走近之后，看见有些囚犯的脸上竟然挂着悲哀和难过的眼泪。

他知道，这些人爱凯瑟琳，于是转身对他们说："好了，各位，你们可以去，只要今晚记得回来报到。"接着，他打开监狱大门，让一队囚犯走出去，在没有守卫的情形下，走路去见凯瑟琳最后一面。当天晚上，每一位犯人都按时地回来报到。

当我们手捧鲜花送给别人时，先闻到花香的是我们自己；当我们抓起泥巴抛向别人时，先弄脏的也是我们自己的双手。一个温暖的人，一颗充满爱的心，胜过监狱里高大的围墙，足以感化世上最冷酷的心灵。

曾有人说："最好的生命，无非是做一个温暖的人。"

做一个温暖的人，保留一份宽容与慈悲。在滚滚的红尘中，用平和、温润的姿态与世人相处，不去争吵也不去抱怨，像一束温暖的阳光，照射在生活的每一个角落。懂得付出，懂得关爱，不一定会轰轰烈烈，却永远闪烁着人性中最美丽、最感人的光。

做一个温暖的人，学会善待每一个生命，并尊重每一个善待生命的人。无论何时何地，都不做攀缘的凌霄花，借助谁的高枝炫耀自己；亦不会摆出高高在上的姿态，将谁看得卑微如尘埃。把微笑和美好传递给每一个人，不用任何外在的标尺去衡量生命的高低贵贱，就像清晨的阳光，把热量洒满整个大地，无论是名胜古迹，还是乡村田野。

做一个温暖的人，心存感激，对生命中经过的每个人，和沿途的山山水水说一声谢谢。那些真心善待你的人，教会了你爱与被爱；那些曾给过你伤害的人，教会了你成长与坚强；过往的山水草木，在不言不语的沉默中，教会了你低调与隐忍，让你体悟到生命的厚重。

做一个温暖的人，勇敢地面对现实，无论现实多么残酷，我们都要微笑着面对。不管是下雪还是晴天，世界始终都是美好的，只要我们善于挖掘和发现美的存在。记住一句话：美好是因为相信。当你心存希望，用心生活，黑暗里也会有一双明亮的眼睛，指引着你通往明亮的前方。

此生，做一个温暖的人吧！像一棵树，根深深地扎进泥土里，枝杈努力地伸向天空，朝着太阳生长，不卑不亢，活出坚韧与自由。

03.你有权选择自己喜欢的方式

　　是我选择了这个世界的样子，是我允许了别人
对待我的方式，是我限制了生命的呈现，是我拒绝了
无限的可能，是我编剧、导演、演出了我自己的人生
剧本，所发生的一切都应由我自己来承担责任，我有
责任、有义务、有权利让自己更轻松、更愉悦、更富
足、更平和地享受活着！这就是我这个阶段爱自己的
方式！

　　　　　　　　　　　　　　　　　　　　——丁力

　　作家毕淑敏有一篇短文叫《素面朝天》，其中有这样一段
文字："磨砺内心远比修饰外表要难得多，犹如水晶与玻璃的
区别。我相信不化妆的微笑更纯洁而美好，我相信不化妆的目
光更坦率而真诚，我相信不化妆的女人更有勇气直面人生。"
　　素面朝天，敢于露出真实的自己，的确是一种洒脱。然
而，是否有勇气直面人生，和素面朝天之间没有必然的联系。

对某些人来说，也许素面朝天是她感觉最好的状态；可对另一些人来说，梳洗打扮也是别样的精致。

她是一个素简的女人，经营着一家茶舍。在她身上，你看不到时尚的貂绒大衣，也看不到浓妆艳抹的痕迹，她就宛若那些安静而有韵味的茶，在素雅的棉布衣衫中，散发着韵味和幽香。她的发型，永远是最简单的盘发，不带任何闪闪发亮的饰品，充其量是几个茉莉花状的头饰。每一个来过茶舍的人，都会对这个女老板印象深刻。她说话不温不火，宛若一杯清香的茉莉花茶，淡淡的，却没有丝毫的不适感。

和老顾客聊天时，她谈起往事，说自己在年轻时也害怕变老，厌恶40岁的坎儿，努力把自己装扮得更年轻。每次装扮完，不但没有给自己带来多少自信，反倒是惹来不少异样的目光。她才知道，那根本不该是自己本来的样子。之后，她开始卸掉妆容，选择适合自己的衣服、适合自己的发型，读适合自己的书。于是，就有了今天素面朝天却不失美好的她。她愿意，就这样素面朝天，优雅地变老。

同一座城市的另一个角落，另一个女人也在演绎着她的精彩与美丽。

那是公共浴室的澡堂，还不到上班时间，她就已经来到了换衣间。这是她第一天到这里上班，没等老板吩咐，她就主动开始打扫卫生，这份勤快和麻利劲儿，让老板颇为满意。

半小时后，换衣间焕然一新，比往常干净了许多。她坐在换衣间仅有的那面大镜子跟前，收拾着一些化妆品，一边收拾，一边开始打扮自己。她30多岁了，皮肤白皙，头发黑亮，她拿着眉笔在脸上描画着，从镜子里看去，她也算是个美丽的女人。

因为是周末，顾客们陆陆续续地来了。她热情地打招呼，不少顾客以为她是刚刚洗完澡的客人，报以微笑，还说今天的换衣间真是干净。待有人喊了一声"搓澡"之后，她便大声地回应道"来啦"，这时的她，已经换上了一身红色的内衣。在白色的浴室里，这样的颜色很是醒目。顾客的眼神里露出一抹惊讶，实在没想到，她竟是搓澡工。

正午时分，搓澡的人不多，她也刚好有空歇息一下。一位顾客在穿衣时和她闲聊，问道："做这份工作挺辛苦的吧？"她笑笑说："我做这份工作时间很长了，也习惯了。"说话的时候，她一点也不做作。

看着她往脸上敷面膜，顾客赞叹道："你的皮肤保养得很好，身材也不错。"她说："嗯，我一直都是刻意地保持。"她回答得那么自豪，并未因自己的工作而感到难为情。

顾客一边穿衣服，一边望着眼前这个美丽的女人。突然生出了一丝羡慕和欣赏，内心也因为她有了一丝触动。也许，她并未经历过什么荣华富贵，可在生活的重压之下，她还能够保持这样一份精致的心情，努力地为自己创造着一份美的心境，这何尝不是一种别样的乐观和洒脱？

回到最初的那个话题：不得不承认，勇于素面朝天的女人是值得敬畏的，她有勇气直面自己的人生，有勇气直面自己的不完美。然而，是否能够直面人生，与化不化妆没有必然的联系，相比而言，有一颗坦然面对生活的心，才是问题的根本。

每个人都有自己的想法，也有权选择自己喜欢的生活方式。如果说素面朝天是一种素简而自然的活法，那么浓妆艳抹也是一种精致而美好的追求。无论男人还是女人，无论朴素还是奢华，只要自己喜欢，能让自己感到快乐和自信，秀出自己最满意的姿态，那就是最好的生活方式。

04.心无杂念，活出一个清新的你

> 人们总是去追求正面思维，但通常，特别纤弱的小事就完全可以将我们击倒。只有能够告别情绪的人，或许才会获得力量和祝福。无欲则刚。
>
> ——《时光·初谈宗萨仁波切》

天空中，一根白色的羽毛随风飞舞，飘过树梢，飘向蓝天，最后落在福雷斯特·甘的脚下。此刻的他，正坐在阿拉巴马州的一条长椅上，手里抱着一盒巧克力，跟陌生人滔滔不绝地诉说着自己的一生。

二战结束后不久，阿甘在美国南方阿拉巴马州的一个闭塞的小镇上出生了。他先天弱智，智商只有75，但他的妈妈是一个坚强的女人，她从未嫌弃过儿子，而是常常鼓励他自强不息，要他像其他正常人一样生活。上帝也没有遗弃阿甘，他赐予阿甘一双疾步如飞的腿，赐给他一个单纯正直、不存半点邪念的心灵。他在学校里认识了金发女孩珍妮，此后，在妈妈和珍妮的爱护与帮助下，阿甘开始了他不停奔跑的人生。

中学时，阿甘为了躲避同学的追打，跑进了一所学校的橄榄球场，意外地被人发现他擅长跑步的天赋，结果被破格录取进入大学，并成为橄榄球巨星，受到了肯尼迪总统的接见。

大学毕业后，一名新兵鼓动阿甘参军，单纯的他应征参加了越战。一次战斗中，阿甘所在的部队中了埋伏，一声撤退令下，阿甘记起了珍妮的嘱咐："撤退就跑。"结果，他的飞毛腿救了他一命。在越战中，他认识了两位好朋友——热衷于捕虾的布巴和令人敬畏的邓·泰勒上尉。

越战结束后，阿甘成了令人敬仰的英雄，还受到了约翰逊总统的接见。在一次和平集会上，阿甘与久别的珍妮重逢，可惜珍妮已经不是原来的样子了，她堕落了，过着放荡的生活。阿甘一直深爱着珍妮，但珍妮并不爱他，两个人匆匆相遇，又匆匆分手。

身为乒乓外交使者，阿甘曾到中国参加乒乓球比赛，并为中美建交立了功。他内心有一个信条——说到就要做到。这一信条始终是他的指明灯，让他闯出了一片属于自己的天空。他教"猫王"跳舞，帮约翰·列侬创作歌曲；在风起云涌的民权运动中，他瓦解了一场一触即发的大规模种族冲突；他无意中迫使潜入水门大厦的窃贼落入法网，最终导致尼克松总统下台。

阿甘傻人有傻福，阴差阳错地发了大财，成了亿万富翁。不过，名利对他而言并不重要，他心甘情愿做一名园丁。阿甘经常会想念珍妮，而此时的珍妮已经误入歧途，陷入绝望之中。

终于有一天，珍妮回来了，回到了阿甘身边。他们共同生活了一段日子，某天夜里，珍妮投入阿甘的怀抱，之后又在黎明悄然离去。一年后，阿甘再一次见到珍妮，还有一个小男孩，那是他的儿子。这时的珍妮已经身患绝症，阿甘同珍妮、儿子一起回到了家乡，度过了一段美好的时光。

珍妮去世了，他们的儿子也到了上学的年龄。一天，阿甘把儿子送上了小车，这时一根羽毛从儿子的书中落下，一阵风吹来，它又开始迎风飘舞……就像故事开篇时的情景一样。

从一个智商只有75分的弱智孩子，从进入特殊学校，到橄榄球巨星，到越战英雄，到虾船船长，再到跑遍美国，他以先天缺陷的身躯，获得了许多智力健全的人也许终其一生也难以企及的成就。

智力健全的人往往想得太多，物欲、利欲、私欲、贪欲、野心等心理杂念像垃圾一样在心里堆放，让人感到异常沉重与疲惫。生命里有了这些杂念，人就会不自觉地为自我设限，无法轻装上阵，心理上的包袱会把整个人压垮。也许，正是因为阿甘的智商比正常人低，所以他才不会自作聪明、心存侥幸、忧愁多虑，他的思想很简单，心里没有杂念，复杂的事情他选择简单做，简单的事情他选择重复做，才有了不一样的精彩人生。

生活中绝大多数的痛苦和烦恼都源自杂念，硬要把单纯的事情看得很严重，那样就会很痛苦。若能保持一种清澈自然的状态，无论追求什么、想做什么，都会变得顺畅。不信你看，空中的孤月、出水的青荷、墙角的梅花，都是因为心无杂念，才能够高挂天空、荷香飘逸、凌寒独自开。

想活出一个全新的自己，彰显出不一样的姿态，就要做一个心无杂念的人。

心无杂念不是心无所思，而是放下所有让自己感到焦虑的事，无论眼前遭遇了什么，都暂且搁置，给自己一点时间静坐下来，让心情慢慢平复，直到没有波澜，再用理性的方式去解决问题，不任由糟糕的情绪纠缠自己。

心无杂念不是心无所想，而是不要胡思乱想。心里有事的时候，用可行的办法将它处理掉，一时间解决不了的事，就干脆放下，"船到桥头自然直"，要学会宽慰自己。

心无杂念不是心无抱负，而是坚定自己的信念，不被突如其来的事情牵着鼻子走。要有一种信念在心头，无论发生什么，都要坚定不移地走下去，减少内心的恐慌，当心中有了方向和定力，就不会再畏惧狂风骤雨。

漫长的人生路上，在微明的晨光中，呼吸清新的空气，轻哼一曲动人的小调；在悠然的午后时光里，心无杂念地喝一杯清茶；在夕阳西下的傍晚，在吊脚楼欣赏余晖晚霞；放下执念，思绪如水，仿佛灵魂深处，只有一抹慈悲在岁月下静静地蛰伏。

05.你只需努力，剩下的交给时光

> 无论你多么努力地让自己做到完美，始终会有一群人在背地里指着你的背影比比画画。你不需要跟谁对骂或者抽谁一嘴巴，他们未必是坏人，只是看不懂你的活法。
>
> —— 暖小团

街角的那间小聊吧，是女孩Aimee的专属世界。

Aimee拥有一张精致的面孔，笑起来有一对浅浅的酒窝，甜美而亲切。22岁那年，她在妈妈的资助下，开了这间温馨的聊吧。聊吧里的装饰和她个人的气质一样，清新可人。在这里，她结识了形形色色的人，听说过许多或温暖或凄凉的故事，撰写过两本独特的温情故事书。

在一个阳光灿烂的日子，她认识了那个阳光帅气的男孩。男孩穿一件格子衬衫，一条蓝色牛仔裤，一双白色的球鞋，留着清爽的发型，是她喜欢的类型。她送了一杯饮料给男孩，男孩受宠若惊，两人聊得很是投机，久而久之，成了朋友。

　　他们互诉过烦恼，分享过惊喜，也说起过各自心中理想的对象。Aimee清楚地记得，男孩说，他喜欢留长发的姑娘，穿淡蓝色的衣服。从那天起，Aimee不再去修剪那齐肩的头发，她想留起长发。聊吧的桌布，被她换成了清新的淡蓝色，桌上多了几盆绿萝。这些改变悄无声息，让人难以察觉。

　　日子如流水般过着，一眨眼，两年过去了。

　　又是一个阳光明媚的日子，男孩来到小聊吧，不同以往的是，他身边多了一个女孩。看到Aimee，男孩的脸上有些微微泛红，他略带羞涩地介绍说，那是他的女朋友。Aimee笑着与女孩打了招呼，送上一杯蜜桃汁，尔后站在柜台那里，静静地看着那女孩——她留着一头清新的短发，穿着一件红色条纹的五分袖上衣，一条白色的短裤。这……俨然不是他当初说的理想形象。原来，遇见了对的人，一切假设都会成为泡影。

　　送走男孩和女友后，Aimee看着聊吧里的装饰，再看看自己身上那件淡蓝色的牛仔布裙，沉思良久。这时，一个熟悉的身影走进了聊吧，是妈妈。看到最亲最近的人，脆弱的心灵就像找到了依靠，Aimee的眼泪瞬间流了下来。

　　两年来，妈妈知道Aimee对男孩的感情，听她讲述了刚刚发生的那一幕，妈妈掏出纸巾，为Aimee擦了擦眼泪。她关上聊吧的门，挂上"暂停营业"的牌子，缓缓地对Aimee讲起了一些往事。

"读高中时，你一直很羡慕班里的学习委员，就因为那女孩长得比你瘦弱，穿起紧身的牛仔裤和白色T恤衫非常好看。那段日子，你拼命地节食减肥，我怎么劝说你，你都不听，最后把自己折腾成了低血糖，蜡黄的脸色，干枯的皮肤，一点儿都不像17岁女孩子该有的样儿。体重虽然下来了，可你穿上紧身的牛仔裤和白色T恤，依旧不是理想中的那个气质。后来，我送了你一件宽松的白衬衫，一条不包身的浅色牛仔裤，你穿起来很好看。从那时候起，这就成了你最常见的装扮。

"报考志愿时，你看到表姐当了律师，羡慕得不成样子。当时，你也想考法律专业；可当我把那一大本枯燥的法律书摆在你面前，让你翻看时，你却发愁了，说真的不如古典小说好看。所以，后来你还是选择了师大的中文专业。

"今天的事，和当年那些情况如出一辙。你在乎他，所以努力把自己变成他理想中的样子，穿着你不喜欢的淡蓝色裙子，留起长发，把聊吧的装饰风格都改变了，可你终究不是那个对的人，你的气质也并不适合这样的打扮。

"Aimee，妈妈只想告诉你：如果你是一颗萝卜种子，那就努力自由地生长成一棵你所能长成的最好的萝卜；如果你是一棵青菜的种子，那你就该成长为一棵你所能长成的最好的青菜！记住，不是做那个最好的萝卜、青菜，也不是做别人喜欢

的萝卜青菜，而是做你所能长成的最好的萝卜、青菜。只要完美地实现自我，活出最好、最真的自我，不必跟任何人比，也不必去迎合任何人的喜好。要成长为你内心所希望的那样，而不是别人所希望的那样；要做你内心所渴望的事情，而不是别人认为你所渴望的事情。"

第二天，Aimee歇业一天，把聊吧重新装饰了一番。墙上贴上了仿古砖的壁纸，音乐换成了《卡萨布兰卡》，桌上的绿萝不见了，取而代之的是淡雅的雏菊。

焕然一新的，不只是聊吧，还有她自己。她穿上最喜欢的宽松白衬衫，头发又恢复了齐肩的梨花头，蓬松而不凌乱，一切又回到了最初。

男孩再来时，看到Aimee，说了一句："嘿，你今天看起来很漂亮，让我想起第一次见到你的时候……"

是的，一切都回到了最初的样子，衣服是自己喜欢的，聊吧的格调是自己中意的，这样的自己最舒服，这样的环境最喜欢。今后，不管什么时候，走到哪儿，遇见谁，只需要努力成为最好的自己，就已足够。后来，Aimee把聊吧的每张台布，都印上了一行隽秀的字：Be the best you can.（成为最好的自己。）

什么叫成功？什么叫快乐？不是为了达到某一个高高在上的目标，牺牲自己的快乐，牺牲自己的心灵；而是要倾听自己内心的召唤，找到内心所渴望的，朝着你本来的样子去努力。假如你是一棵萝卜，就努力让自己成为你可以成为的最好的萝卜，而不是按照别人所希望你的样子，长成最好的萝卜，或是变成白菜，那样的人生不是成功的人生，那样的生活也不会给你带来快乐。你只需努力成为最好的自己，那便是最好的人生了。

Chapter5

笑对这个浑浊的世界，你会生活得更好

生活并不完全是你所看到的样子，很多事情你经历了，却并不知道。如果你知道了这些，你大概就不会在意现在的得与失了。人生的境界说到底是心灵的境界，若心乱神迷，无论你走多远，都捕捉不到人生的本相，领略不到韵致的风景。唯有心灵的安静，方能铸就人性的优雅。笑对这个混浊的世界，看淡那些事情，平静而踏实地经历人生中的起起落落，你会生活得更好。

01.生命不长，不能用来悲伤

　　真正的安全感，并不是选择谁以及这个人所代表的生活，而是你自己。如果你真的活得好，从前所有的委屈、所有的伤害、所受过的白眼、一切恩情爱恨，后来的一天，都付笑谈中。曾经的伤痛、曾经掉过的眼泪，不过是生命中无可避免的历练。

——《谁拿情深乱了流年》

　　他这一辈子，经历了太多事。

　　年少时，母亲患病住院，父亲辛辛苦苦在外打工，他靠着每月父亲寄来一些钱维持生计。刚满7岁，他就开始给母亲做饭，顺带做一些护理工作。个子不高的他，每次做饭都得站在一把椅子上，有时还得跑到邻居家问这问那。年纪不大，内心却很坚定，他告诉自己和妈妈："我能行，放心吧！"饭菜并不可口，可母亲的脸上和心里满是欣慰。

　　上天似乎更喜欢给性情豁达的人更多地考验，以此作为栽培。

28岁那年，妻子因对家境不满，丢下孩子，义无反顾地走了。当时，工作失意、没有积蓄、还要照顾老人和孩子，面临着各种困难，可他不觉得有什么，强装着笑脸在社会上闯荡。那几年奔波的日子，苦得不堪回首，他白天在外面跑业务，晚上在餐馆给人帮忙。

很快，勤奋豁达的他，就得到了大批客户的认可，从一个不起眼的业务员，成了经验丰富的销售强人，工资加提成也翻了好几倍。靠着这份豁达，他一步步地走向了领导层的位置。

树大招风，此话一点也不假。看着他的事业风生水起，有些人暗地里开始搞小动作，特别是觊觎着他职位的那些人。40岁那年，他突然遭遇了职场滑铁卢，接到了降职通知。他很淡定地选择了离职，并决心创办一家属于自己的公司。

当时，他手里的资金只有20万元，在一个简单的写字楼里租了一间10平方米的房子，员工加上他只有3个人。即便这样，他也干得很起劲儿。借助自己之前的客户关系，公司很快打开了市场，没过几年就壮大起来，员工也发展到了20个人。

50岁那年，他组织公司到苏杭游玩，同行的还有即将大学毕业的儿子。走到杭州灵隐寺时，他看到门口放着许多大罐子，里面养着浮萍，一片片嫩绿的叶子很是可爱。望着此情此景，他对儿子说道："你要步入社会了，今后难免会遇到一些磕磕绊绊，但我想告诉你，世间所有的事与物皆是浮萍。"

　　望着发丝有些泛白的父亲，儿子心中一痛。父亲是个豁达而坚韧的人，儿时生活贫困，年轻时家庭破碎，人到中年遭遇事业危机，如今，那些经历都已成了往事。那是他真实人生的一部分，却也只是人生的一部分，而已。

　　阴晴圆缺，是自然规律，悲欢离合，也是人生常态。每一个生命必然会经历风波浪起的日子和沉浮悲喜的心境，只是当繁华落尽之时，依然保持着最初的那一份淡定的人并不多。唯有活得洒脱豁达，才能在回首来时路的那一刻，感叹风雨、晴空，都是虚无缥缈，人生没有什么大不了。

　　季羡林先生说过："人活着最重要的是想得开。"当一切都能够看开的时候，也就没有什么可以失去了。生活中总会出现各种挫折与磨难，谁也不能够预料下一秒会发生什么，但只要有一颗豁达的心，就可以在不幸降临时依然热爱生活，平静而又安然地走自己的路。

　　女孩在一家媒体机构供职，年纪不大，处事却很周全。比起同龄人，她显得成熟而练达。

　　她没有显赫的家世，每次提及这些，她总是自我调侃，说自己从出生开始就"没什么便宜可占"，生在偏僻的小城，父母都是普通工人，依靠着自己的能力考上大学，凭借自己的本事走进小城的电视台，后因"借调"来了北京。在被"借

调"的三年里，她没有身份，没有福利待遇，只有微薄的生活补贴，住过地下室、筒子楼。为了维持生活，有段日子白天去单位上班，晚上去必胜客打工。历经磨难，备受屈辱，但还是咬着牙坚持了下来。最终，熬出了头，成了名副其实的媒体记者。

忆起那段经历，她不觉得可悲，也没有丝毫抱怨，反倒认为那是一种磨炼。对自己组里的新人，她总是说："年轻时吃点苦，经受点磨难，对自己的人生是一种历练。"

伤痛是一种幸福，也是一种财富。一个没有经历过苦难的人，是幸运的，却不一定是幸福的——因为他错过了人生中最精彩的东西，每一次的苦难都会让人学会一些东西，懂得一些人生的哲理和真谛。无论是谁，都需要经历苦难，才能让生命更完整。

当困难和挫折降临时，你可以放肆地哭一场，让泪水冲刷心中的尘埃。哭过之后，记得擦干眼泪，对着镜子笑一笑，告诉自己：明天的太阳一样会升起！上帝在此处关上一扇门，必然会在别处为你打开一扇窗。只要始终保持一颗坚强的心，它就能够载你驶向幸福的远方。

02.握不住的流沙，不如就扬了它

假如他（她）最终离开了，你伤心、怨恨都没
有用。努力让自己更好，更强，即使他（她）不会后
悔离开你，至少，你美好的一切可以安慰自己。如果
你自暴自弃，懒惰，不上进，怨恨别人，那么，他
（她）离开你，是对的。因为你不够优秀。

——晓梦斜阳

张小娴说："无法厮守终生的爱情，不过是人在长途旅
程中，来去匆匆的转机站，无论停留多久，始终要离去坐另一
班机。"

那个男人出现后，茉莉感觉周围的世界都暗淡了，唯一会
发光的只有他。她没想到，这世间竟真的会有这样一个人，满
足她对完美情人的所有想象。或许是因为自卑，或许是太过在
意，她只能在心里翻江倒海地想着、念着，却不敢把这份爱说
出口。

在他面前，茉莉觉得自己像是一粒尘埃，如此卑微、如此渺小。以至于，她始终在用一种仰望的姿态看着他。或许，不是茉莉卑微，而是她爱得卑微。

男人与茉莉的关系，忽远忽近，忽冷忽热。他们偶尔像知己，偶尔又像路人。最美好的岁月，就是聊着彼此的梦想，在彼此的鼓励中走过了一段不长不短的路。茉莉觉得，今天的自己能够变得自信开朗，都仰仗着他对自己潜移默化的影响。只可惜，她在人前的那份骄傲和自信，到了他面前，就缩成了一盏微弱的烛光，发不出万丈光芒。

男人为了追求自己的理想，远赴重洋。曾经，他对茉莉说："也许，会在某一个地方，我会遇到和自己一样的人。"这句话，果然应验了。半年后，他遇到了心仪的另一半，两个人看起来那么般配。茉莉就像是故事的旁观者，默默地看着主人公演绎着自己的人生故事，看着他沉浸在自己喜怒哀乐中，茉莉的心情也会随之起伏。只是，她所有的感受，只有自己知道。

其实，茉莉早就明白，她和他是不可能的。凭着女人的第六感，她深知自己不是他喜欢的类型，他对她也从未有过爱恋的感觉，更重要的是，他们的家庭背景相差甚远。理智而清醒的茉莉，不想去冒险，她知道，若坦白了内心的情感，失去的不只是爱情，还有友情。

既然知道无法厮守终身，不如干脆就放下。这样的话，茉莉听过无数次了，可若真的说放就放，也许爱情就不能称之为爱情了。她走不出过去的影子，依然怀念和他一同走过的日子，希望他还能给自己温暖、鼓励，哪怕不是爱，只是陪伴。心里最重要的角落留给了他，便再也容不下别人，那些真正爱她的人，被她视若空气。

　　直到那天，她独自在广场散步，看到一个小女孩，女孩的手里抱着一只鸽子，她一边抚摸着鸽子的羽毛，一边掉眼泪。看得出来，小女孩很喜欢那只鸽子。可是，成人总是看不懂孩子的世界，鸽子明明就在她手里，她为什么还要哭呢？她一直站在旁边观察小女孩，看见女孩吻了吻鸽子，然后用力地将鸽子送了出去，鸽子自由自在地飞向了天空。

　　小女孩呆呆地望着天空，她走过去蹲下来问："小朋友，你很喜欢那只鸽子，对不对？说不定，以后它还会回来的，到时候，你可以把它关在笼子里养着，每天看着它，不再放飞它。"小女孩用一双明亮清澈的眼睛看着她，说："我很喜欢小鸽子，可是把它关起来，它会想妈妈，会不开心的……"

　　她感动地把女孩搂在怀里，那番话，点醒了她：既然执着换来的只是徒劳，既然他是那握不住的流沙，不如理智地放手。

记得有一则故事：有一只蜜蜂每天都会去花园采蜜，它最喜欢那株艳丽的玫瑰，它的花蜜甘甜可口，让它沉醉不已，流连忘返。对蜜蜂来说，若能每天从玫瑰身上吮吸一口花蜜，那便是最大的幸福。

一场瓢泼大雨过后，那朵盛开已久的玫瑰凋零了。蜜蜂再来到花园时，依旧如平时那般，落在玫瑰的花心上，拼命地吮吸。甜味消失了，取而代之的是苦涩。其实，它尝到的不是花蜜，而是毒汁。蜜蜂不甘心就这么离开，它一边吮吸一边抱怨，为什么花蜜的味道和从前不一样了。

终于有一天，蜜蜂扇动着翅膀飞高了一点。它震惊了，原来，花园里不只有那朵枯萎的玫瑰，还有大片大片的鲜花，只是一直以来，都被它忽视了。

痴心的茉莉，与固守着一朵早已凋零的玫瑰、吮吸着毒汁的蜜蜂，有什么分别呢?

为了握不住的流沙，让自己陷入痛苦的泥潭。就算这份痴心为对方所知，他也未必了解，未必领受。当一份爱无法变成相爱，它就是残缺的。真正的云淡风轻，不是明白两个人不适合便不去开始，而是明白两个人不适合就放下，不再纠缠。

在现实的世界里，得不到的，已经失去的，都当成流沙吧！松开手，让它飘散在空中，落到本该属于它的角落。

别再折磨自己的心，别再苦苦地纠缠，漫漫人生路，谁也无法预知明天，做一片摇曳在清新空气里的绿叶，生活就会有无限的希望和可能。只有放下，才会有新的驿站。当你潇洒地松开手，放开昨日的一切，幸福也许就在不远的地方向你招手。

03.总有那么一天，一切都会过去

最使人颓废的往往不是前途的坎坷，而是你自信
的丧失；最使人痛苦的往往不是生活的不幸，而是你
希望的破灭；最使人绝望的往往不是挫折的打击，而
是你心灵的死亡。

——《一切都是最好的安排》

水火无情。谁都没料到，一场熊熊烈火会像疯了一般袭
来，让众多无辜的人葬身火海。唯有一对澳大利亚的孪生姐
妹，从燃烧的火焰中幸存下来。灾难没有夺走她们的性命，却
给她们留下了终生难以愈合的创伤，两张原本娇美的容颜，被
大火吞噬后变得面目全非。无数人感叹，可惜了。

十几岁的年纪，正值花季。姐姐向来爱打扮，自从火灾过
后，她就再也没有照过镜子。拉着窗帘的房间里，一个孤独纤
弱的身影，暗自流泪。她说："我不想再出去见人，我害怕看
到那些认识的人，害怕他们看见我现在丑陋的样子。就算当初

真的死在了火场里，也比这样活着好多了。"

妹妹劝慰姐姐："亲爱的，别这样。那次大火，只有我们活了下来，这多么不容易啊！如果我们垂头丧气，怎么对得起那些冒着生命危险救我们的人呢？"

当一个人的心死了，任由别人怎么说、怎么做，都无济于事。妹妹的劝告，在姐姐巨大的痛苦煎熬面前，显得苍白无力。她依旧活在灾难的阴影里，依旧害怕看见异样的目光、听见讥讽的言语，不肯抬头、不肯出门。

抑郁的情结愈发严重。终于有一天，她对生活彻底绝望了，再没有活下去的勇气，偷偷地服用了大量的安定，任由年轻的生命随风而逝。

与你从小形影不离的一个人，突然有一天，就这么悄无声息地离开了，任谁也难以接受。可生活还要继续下去，从思念的悲痛中抽离出来后，妹妹告诉自己："既然上帝让我活了下来，那么我的生命比谁都高贵。"

冷嘲热讽，感叹惋惜，这样的情景几乎每天都会经历。她努力地昂首，从人前走过，带着微笑。这种坚强，支撑着她的生命，给了她继续活下去的勇气。

那天，在回家的路上，她看到不远处的桥上站着一个中年女人。预感告诉她，情况不太好，她连忙停下车跑到女人跟前，可是来不及了，她亲眼看见那女人跳下了河。熟悉水性的她，毫不犹豫地跳了下去，把女人救了上来。这一幕，就像当年她置身火海中，那些冒死去救她的人一样，没有迟疑，想的只有"那是鲜活的生命"。

中年女人得救后，倾诉了她的遭遇：丈夫和女儿在车祸中丧生，她无法承受家庭的巨变，感觉活着已经没有了意义。可是，当这个面目全非的乐观女孩，与她讲述了自己的遭遇后，她重燃起希望，决定要好好生活。

为了报答这个让自己"重生"的女孩，她决定收养女孩为义女，并让她与自己一起经营生意。这个平凡的女孩，靠着那一抹微笑和动人的勇气，从此命运发生了翻天覆地的转变。

多年后的她，已经是一个上流社会的富人了。可她并没有为自己大面积烧伤的面庞整容。她说："我不介意那些嘲笑，现在也没有人嘲笑我了。生命，永远不可能因为一张容颜而贬值。"

严寒冬日，万物凋零，当你误以为树木已经死去而准备砍掉它的时候，你会在春天惊奇地发现，它又抽出了嫩芽。人生何尝不是如此？在遭遇伤痛和逆境时，妄下消极的断言，想着这辈子彻底毁掉了，再没有重新站起来的勇气。其实，当你熬过了那段日子，冬天就会过去，春天就会来临。只要心不死，一切都会成为过去，即便不是现在，但总有一天会过去。

坏的会过去，好的一样会过去。人生如四季，冷暖交替。

那时，他很落魄，周遭的人看不起他，话都懒得跟他说。他求亲戚帮忙，别人都是摇头诉苦，爱莫能助。

世态炎凉，吹散了他心底仅有的那一丝暖意。走投无路时，他想到了死，似乎唯有如此，才能解脱。死前，他还想见一个人，那是昔日的好友，此人平时不苟言笑，总是平平淡淡的样子，好在性格温和，心地善良。需要他帮忙时，不用恳求，他已经知道你需要的是什么了。

带着诀别的心情，他去了百里之外，找到那位朋友。朋友住的房子很简陋，穿着也很寒酸，看得出来，他的日子并不比自己好多少。在朋友面前，他痛哭流涕，诉说着在心里压抑许久的困苦，感叹着世态炎凉。

哭过、发泄过后，朋友淡淡地安慰了他一句："没事儿，都会过去的。"

离开时，朋友塞给他一些钱，拍了拍他的肩膀，说："别想太多，一切都会过去的。"

他问朋友："栏里的猪呢？"

朋友说："就它值点钱，卖了。"

他恍然大悟，手里的那点钱，是朋友用那头猪换来的。他给了自己全部。

他决定活下去，不为自己，就为朋友这一份忠肝义胆。

十几年后，落魄的他飞黄腾达了，坐拥百万资产。房子有了，车子有了，亲朋好友上赶着巴结他。他择了一个春日，开着自己的车去看望那位老朋友。

朋友的家并未有什么明显的变化，人看起来也老了许多。在朋友面前，他讲述着这些年的创业历程，还有那些曾经看不起他的人现在对他是怎样的谄媚逢迎。朋友喝着茶，笑而不语，到最后淡淡地说了一句："都会过去的。"听了朋友的话，他的思绪又被拉到十几年前。他沉默了，不再言语。

从朋友家回来后，他像变了一个人。对待下属不那么苛刻了，对亲戚朋友不再指手画脚了，不再刻意在人前摆阔，他心里只记住了一句话："一切都会过去的。"

是的，一切都会过去的，无论春暖寒冷、阴雨阳光，还是贫困富足、欢笑泪水。艰难的日子里不要绝望，一切都会过去；辉煌的时候不必得意，一切也会过去。这辈子，用淡淡的心态生活，给自己一点时间，让一切都随风。

04.别为不该为的人，伤了不该伤的心

有时候，你爱一个人，如果他不够爱你，你爱他七分，他会觉得你欠他三分；有时候，你爱一个人，如果他足够爱你，你爱他三分，他觉得亏欠你七分。世间情，太多的时候，就是这么不对称，重要的并不是你够不够好，而是，对方够不够爱你。

——鸿水

她曾以为，将真心交付一人，用关爱与宽容浇灌，冷漠的种子也会开出花来。殊不知，心若没有感恩之情，或无法踏入对方心里最重要的部分，再多的付出也是徒劳。到最后，爱与宽容，换来的只是对方的不屑一顾和随意糟蹋。

她无数次向闺蜜提起过他，眼神里充满了渴望。他的每句话，每个动态，都会引发她的无限遐想，回味一天。爱得浓烈，爱得真挚，爱得卑微，爱得忘我。她可以在没有热水的寒冬腊月里，用凉水帮他刷洗脏了的球鞋与手套，冻得双手通

红；她会故意弄坏自己的电脑，恳求他过来帮忙，趁机做一桌他喜欢的饭菜；她在炎炎夏日，跑遍了所有的书店，只是为了帮他买那本他最喜欢的外版书。

偶尔，他会客气地说一声谢谢，报以微笑；偶尔，他会不客气地拒绝，说自己没时间，挂断电话。她埋怨他对自己有点冷漠，他却说她想得太多，他说他不喜欢矫情的女孩。他出差的日子，她给他发短信，嘘寒问暖，回复总是迟来，他说"没看见"，说"在忙"；她让他主动打电话报平安，他说"手机没电了"，说"知道你会给我打来"。不管真假，她都信了，还坚信他懂得自己的好，终有一天会习惯有她的日子。虽然，她从未言爱。

可是，她没想到，有那么一天，他告诉她："我有女朋友了，改天一起见个面，介绍你认识。"她说："好。"心里却如打翻五味瓶，有说不出的滋味。

唯一的发泄，就是在闺蜜那里倾诉，梨花带雨的脸庞，让人看了不免有些痛心。闺蜜何尝不知，她陷得那么深，爱得那么真。但感情不可强求，她早料到会有这样的结局，只是不忍坦白相告，怕伤了她的自尊。闺蜜也深知，告诉她，她也未必信，未必会放手。

闺蜜说："去看一部电影吧？我想说的，全在里面。"

打开DVD，蜷缩在沙发上，拉上窗帘，两个安静的灵魂，守着屏幕，等待着答案揭晓。影片的名字很特别，就叫He's just not that into you（《他其实没那么喜欢你》）。一段段独立的爱情，不同的角度，让人忍不住回望自己的经历，对号入座。

两个多小时，不知不觉从身边悄然滑过，那些她曾经无数次问过自己、问过他的问题，在这一刻都有了答案，留给她一个个残酷的真相，带着鲜血淋漓的痛感。

这么久了，他从来都未主动过，一直表现得含蓄矜持。

她曾安慰自己说："他害羞，他自卑，他不知道该怎么联络自己，他不想破坏彼此间的友谊。"现实告诉她：任何一个男人都会为了接近心爱的人而不在乎断送"友情"，也不会因为害羞和自卑而害怕得不敢表白，他唯一害怕的是，所爱之人对他无动于衷。

这么久了，他极少主动打电话给自己。

她曾安慰自己说："他很忙所以忘了，他已经跟我道过歉了。"现实告诉她：太可笑的借口了！一个小时几百万生意要谈的商人，也会有时间打电话。为什么没时间打电话？那是因为他根本就没想起来，他不在乎你的失望。

这么久了，他对感情一直暧昧不清。

她曾安慰自己说："他以前受过伤害，他想慢慢地谈一场恋爱，他习惯了自由。"现实告诉她：这不过是自欺欺人，他

若真的喜欢你，就不会暧昧不清，也不会拖这么久，更不会突然之间就向你宣布他恋爱的消息。

这么久了，他总在喝醉时才来找自己。

她曾安慰自己说："酒后吐真言，他唯有这个时候才勇气十足。"现实告诉她：他若真的喜欢你，就会在判断力正常的时候想见你。他若真的喜欢你，就不会让你见到他醉醺醺的样子。

这么久了，他时常莫名其妙地消失。

她曾安慰自己说："他可能是家里有事，他可能是手机真的没电了。"现实告诉她：这只不过是自己骗自己，事实是，他根本就不想跟你在一起，你对他也不是那么重要，仅此而已。

爱情，其实没那么神秘莫测，许多时候，都是我们自己替自己找借口。多少次，她以为他喜欢自己，他的每个动作、每个表情，都被自己加工误解。如果他真的爱自己，他会主动来找自己；如果他没来，他走了，那只能说明：其实，他没那么喜欢"你"。

电影结束了，屏幕黑了，房间暗了下来。她的心，却比之前明亮了。闺蜜笑笑，说："我想，你现在已经不需要我的安慰了。别为不该为的人，伤了不该伤的心。"

回家的路上，她掏出包里那块精心挑选的紫色玉石，上面雕刻着一朵玉兰花。那是他送给她的唯一的礼物，上面的玉兰花是他找雕刻师刻的。从前最珍爱的宝贝，此刻握在手里却只觉得像块石头，与路边静静躺着的石头毫无分别了。她把玉石扔进了路旁的人工湖，自嘲地说了一句，真傻。

不为不值得的人哭泣，不为不值得的人改变，不在飘忽而逝的生命过客那里留恋，也不必为朵朵过眼烟云烦恼。这个世界上，还有很多值得的人，不要因此错过。你该珍惜爱你的人，为他们保留你最好的微笑，因为他们会让你更加宝贵。

05.心甘情愿，随遇而安

其实并没有山穷水尽，亦没有柳暗花明，可以只
是此时此地，欸乃一声，开出豁亮天下，青山绿水原
来一直无变改。我既来了，定不负山的高、水的清，
也许将来潦草收场，惨淡徒劳，可是有这一路风光，
我的一生，便可自成景致。

——《春在绿芜中》

一位作家曾说："在人生里，我们只能随遇而安，来什
么，品味什么，有时候是没有能力选择的。学会随遇而安，你
能够轻松地挫败生活中许多看似不可战胜的困难。这是面对生
活最为强硬的方式。"

很喜欢汤姆·汉克斯主演的那部《幸福终点站》，据说这
部影片改编自真人真事，只是原型角色的遭遇比剧中的主角要
悲惨N倍。

影片中，主人公维克多为了完成父亲临终时的遗愿，不

懂英文的他只身一人来到美国。不巧的是，他抵达机场时才发现，他所持的证件不被美国入境局承认，理由是他在前往美国的途中，自己的祖国发生政变，政府被推翻。换言之，他成了国际政治变化的牺牲品，成了一个无国无家的人，他的证件显然都失效了，此时想入境不可能，想要回国也不可能。

站在这个不属于自己的国家，看着熙熙攘攘的陌生人群，他孤独而迷茫。机场，从来不是停留之地，只是一个中转站。人们或进或出，等待总是煎熬而漫长的，更何况不是航班误点，而是不知什么时候才能够结束的等待。可是，除了等待，维克多别无选择。

有人曾经问及该片的导演斯蒂芬·斯皮尔伯格，为什么要选择机场作为背景？

他说："搭乘过飞机的人可能都会有过滞留在机场的经历，我不知道可不可以这么说，有些人在机场待的时间可能比在飞机上待的时间还要长。机场由此成为了一个微缩的小社会，你可以在那里吃饭，可以在那里购物，还能在那里遇见形形色色的人……这里不仅有着机场的工作人员，还有着形形色色的旅客。在这里待上几个小时可能没有什么，可是若要待上几天、几星期，甚至几个月，那就有点让人不可思议了，而这正是这部电影的前提。"

也许，只有置身于这样的一个特殊的环境里，才更能突显

一个人内心的本色。维克多明白，这个世界是按照他自己的方式前进的，对他来说，这个世界难以征服，但是他已经身处其中，只能为自己挣一个好生活。

在迷茫之后，他开始寻找自己的"位置"，努力生存下来。于是，机场里多了一个特别的居住者，他穿着睡袍徜徉在机场的大楼里，睡在大厅的椅子上，在卫生间里洗澡，靠为路过的乘客们服务赚取生活费用。

自始至终，未听见他抱怨过一句，也没见他愁眉苦脸过。相较常人来说，不去想太多，这是他的缺点，亦是他的优点。他井井有条地生活着，对照着旅游书自学英语，还帮机场做翻译。这个看起来有一些傻乎乎的男人，用他的执着和可爱感染了周围的人，与清洁工、机场安检员以及空姐结下了深厚的友情。

他很少去想，这样的日子什么时候结束。过一天是一天，每天都开开心心，丝毫不沮丧。有时，你看着他搞笑的样子，甚至忘了他是一个进退两难的滞留者。

也许真的是这样，想得少了，日子也就过得快了。9个月后，战争结束了，维克多的国家又恢复了和平，而他又成了拥有国籍的人。他想尽快完成父亲的遗愿，不料却遭到了机场负责人的百般刁难，要处罚他在机场相识并交往甚密的朋友。善良的维克多为了不牵连朋友，忍痛答应乘坐最近的一班航班返回自己的家乡。

朋友得知实情后，通过各种方法支持鼓励他，而他也终于进入了纽约市，完成了父亲的遗愿——得到Jazz乐队40个签名中的最后一个。当拿到最后一个签名的时候，觉得比起漫长的无边等待，这真的是一件很容易的事。

幸福的终点站，不是火车票或机票上的某一个目的地，而是心中的一个圣地。抵达目的地之前的路程中，总免不了遭遇坎坷、麻烦，逃避不是最好的办法，最强硬的姿态，其实是随遇而安。

苏东坡的一生多次被流放，可谓三起三落。然而，他说，想要心情愉快，只需看一看松柏与明月。何处无明月，何处无松柏？只是很少有人有他那般的闲情罢了。若都能够做到随遇而安，及时挖掘出身边的趣闻乐事，甚至于去找寻苍穹中的闪耀星星，心境自会大不一样。

世界著名的小提琴家欧尔·布里在巴黎的一次音乐会上，发生了一段小的插曲，他的小提琴的A弦忽然断了，而他面不改色地继续用剩余的三根弦奏完了全曲。佛斯狄克评价道："这就是人生，断了一根弦，还能以剩余的三根弦继续演奏。"

生活给予什么，就好好享受什么。不要去想明天在哪里，不要去想公不公平，只管抬起头，阔步向前走，精彩便会与你邂逅。

不求惊艳了时光，但求温柔了岁月

人活一世，草木一秋，是应该体悟生活意义的时候了，和影子逞什么强，和浮云攀什么高低，眼前世界无限宽，心地平坦自安然。不是所有的付出都会有回报，不是所有的期待都会有结局，但人生总是要经历这样的历程，只是期待破灭了之后，那些重新生长出来的东西，才会真正变得坚不可摧，这便是成长的意义。

01.放过那个一时间脆弱的自己

　　凡事不要过于挑剔，完美总是可望而不可求的。
世界上没有真正完美的东西，你应该做的就是努力使
自己的人生更美好。放弃无谓的挑剔、指责和抱怨，
你便会变得快乐而积极，成为自己人生真正的主人。

　　　　　　　　　　——《原来是倔强的你创造了奇迹》

　　2004年的法国网球公开赛上，女选手维纳斯·威廉姆斯连
胜17场，战绩傲人。当记者追问她对胜利有何感想时，她说：
"我还不够努力。有时，我获胜心切；有时，我求胜心不够
强；有时，我不遵循教练指导；有时，我不听从自己的安排。
我讨厌在任何事情上犯错，不仅是赛场上。"

　　威廉姆斯是个对自己要求极高的人，不容许自己有丝毫错
误。有人说，正是因为她对自己设置了高标准，才能获得今天
的成就，追求完美是她达到目标的健康动力。不过，加拿大的
心理学家保罗·休伊特却不这样认为，他说："这些人往往忽

略了完美主义者脆弱的一面。"

休伊特与戈登·弗莱特教授,多年来一直研究完美主义,他们发现不管是哪种类型的完美主义者,都免不了有这样那样的健康问题,比如焦虑、沮丧、失落,等等。比如加拿大芭蕾舞演员克伦·凯,她在职业生涯中表演超过1万场次,可她在自传中却说,只对其中12场演出感到满意;提及对自我能力的感想,她的第一感觉就是失望。

很多有完美主义情结的人,似乎都没有意识到这些问题,总以为别人对自己有更高的期望,所以不断地努力。他们不愿意尝试新鲜的事物,怕给人留下不完美的印象。他们渴望在人前展示完美,一切问题都习惯自己扛;愿意给别人提建议,却不愿意请教别人,只因不想承认自己不行。

对此,泰勒在《幸福超越完美》中这样写道:"完美主义者很愿意给别人提建议,力图把事情再次变得完美。不过,他们自己却不愿意寻求他人的建议或是任何形式的帮助。事实上,寻求帮助是完美主义者转变为最优主义者最好的方法之一,展示真实的自我,表达内心的需求,展露自己的脆弱。"

或许,是因为长期以来被灌输了"要争第一,要赢过别人"的思想,抑或是现实、书籍和成功学不停地告诉我们,想要在社会中生存,就必须做一个所谓的"强者",一定要如何如何;我们接受的教育总是要求我们尽量自我鼓励,不要自我否定，这让很多人掉入了完美主义的怪圈，力求精细而忽略全局。

我们真的有必要成为一个强者，必须时刻勇敢，不能暴露自己的不足和脆弱吗？

生活，没有"必须"，所有的"应该"和"必须"都该丢弃。如此，才能成为一个自然的人，流露出自己真实的一面，不伪装，不掩饰。脆弱有什么不对？这是人性中固有的一个部分。刻意抑制着自己的脆弱，故作坚强，更无益于身心。

司徒小姐是一家大公司的主管。每天早晨起来，尽管头脑还因为前一天的加班而发晕，可她临出门前，还是会对着镜子勉强地挤出一个微笑。她暗示自己：我必须精神饱满，我必须展示出自信和快乐。

其实，她潜意识里的想法是——"低落"是不对的，"疲倦"是不好的，"脆弱"是会被人嘲笑的。所以，每天她都用自信的面具把自己伪装起来，希望别人看不穿这层面具，可在其内心深处，她会隐隐约约地感到一丝沮丧，因为她所表现的并不是自己的本性。

遇到了挫折和失败，司徒小姐也会装作满不在乎，她始终把自己最干练、最坚强的一面展示出来，她总在暗示自己："我不能哭，我不能倒下，我不能那么脆弱，我必须勇敢，要坚强。"当听到别人说"你真是个坚强的女人""我真的很佩服你，我就做不到"时，她的内心会有一种优越感、成就感。

然而，离开人群，回到家里之后呢？她会大口大口地吃着零食，掉着眼泪，内心有一种莫名的、挥之不去的悲伤。然后，第二天再一如既往地出现在人前，当作什么事也没有发生过。

司徒小姐是真的坚强吗？想必你也都看到了，她是多么地脆弱和无助。只是，她不想承认，也害怕承认。或许，连她自己也想知道，究竟要怎么样做才能真的变"坚强"？

凡是你抗拒的，都会持续。因为当你抗拒某件事情或是某种情绪时，你会聚焦在那情绪或事件上，这样就赋予了它更多的能量，它就变得更强大了。这些负面的情绪就像是黑夜，你驱不走它们。唯一可以做的，就是带着光进来。光出现了，黑暗就消融了，这是千古不变的定律。

"脆弱"只有跟"想要坚强"的概念在一起，才能够停留。这就如同，如果你放弃了想要成为富翁的念头，你就不会想到自己是贫穷的；如果你放弃了想要博学多才的想法，你就不会感到自己是无知的。

我们身上的每一种特质，心中的每一种感情，都可以带给我们某一种收获。脆弱，也是内心世界不可分割的一部分，我们抗拒它，所以它才会一直存在。如果你渴望消除它，那么你首先要做的就是，勇敢地接纳它！

你要学会接受自己的脆弱和不堪，会流泪，会失望，允许自己懦弱，允许自己不知所措，放过那个一时软弱的自己，放过那个一时不堪的自己，给自己一点时间、一些期限，你会在不知不觉中获得生命中最安静的勇气。

02.一花凋零，荒芜不了整个春天

最使人颓废的往往不是前途的坎坷，而是你自信的丧失；最使人痛苦的往往不是生活的不幸，而是你希望的破灭；最使人绝望的往往不是挫折的打击，而是你心灵的死亡。

——《一切都是最好的安排》

40岁那年，她跟人合伙开了一家养生馆。

这不是她第一次创业。十年前，她和丈夫都遭到毛巾厂的裁员，之后她卖过衣服，开过饭店，做过直销，还去其他城市开过洗浴中心，不知是运气不好，还是不擅长做生意，结果全都以亏本告终。

世人常说，无奸不商，无商不奸。偏偏，她是个善良本分的女人，实在劲儿过了头，难免会亏本。对此，她一点也不避讳，自嘲地对人说："我呀，天生就不是做生意的料。"

折腾了十年，把家里辛苦积攒下来的那点儿钱全都打了水漂，还欠了不少外债。生意最惨淡的时候，是她开洗浴中心的那年，店铺位于城乡结合部地带，门面看起来还不错，里面也挺宽敞。当时，她用借高利贷的钱给洗浴中心做了装修，本想打一个翻身仗，没想到人算不如天算，很快就遇到了拆迁政策，那些租住在平房里的人，陆续搬走了；住在居民楼的人，光顾洗浴中心的时候又不多。就这样，她的生意也黄了。

最艰难的时候，她辞去了搓澡工，什么活都自己干，尽量节省开支。可即便如此，洗浴中心没过多久还是歇业了。经过大风大浪的她，平静地接受了这个事实。为了还债，为了儿女，她到朋友介绍的超市里打工，理货、收银、推销，几乎所有的事都要做。有时候还要帮着卸货。

其实，当时介绍她来的时候，已经说好只做售货员，可她太实在，说都是朋友介绍的，能帮忙就帮忙，不好计较太多。知道她和气好说话，店老板对她也挺热情，只是工资一分钱也没多给。过年的时候，她拿到的红包，跟普通员工拿的红包，没什么分别，都是一百块钱。

这份工作，没给她的生活带来多大改善，反倒是落下了腰椎病。酒水饮料的货物，分量着实不轻，从前虽是工人，做的却也不是重体力活，突然间扛这么重的担子，她瘦弱的身躯未免吃不消。每次卸货之后，腰都会酸痛好几天，有时胳膊都抬不起来。

为了儿子能上好一点的学校，她搬到了镇上。朋友借给她一间房子暂住，多少能省点房租。那房子实在简陋，一间房，两张床，吃饭睡觉全在这里。屋子的墙角有一个简易衣柜，里面整整齐齐地摆放着她的衣服。日子辛苦，可她依然美丽如故，不管在外还是在家，永远都那么干净利落，时尚漂亮，待在这间陋室里，也宛若一颗璀璨的明珠。

后来，她生了两场大病，一次是阑尾炎，一次是子宫肌瘤。切除子宫之后，她看起来比之前显老了，脸色也不太好，可她的穿着打扮依然入时。熟悉的人问起她的病况，她就撩起衣襟把小腹上的两道粉色的疤痕露出来，开玩笑地说："要是再来点什么病，我看医生都要发愁了，还有什么地方可以下刀啊？"

很多人以为，她可能会在超市一直待下去，维持生计，养大孩子。没想到，时隔几年，她又拿出手里所有的积蓄，重新经商。相较以前，她思虑得多了，只做养生馆的小股东，兼职在店里做店长，每个月拿点固定工资，不至于一亏到底。

她向来都是光彩照人的，不管什么样的处境，她都把自己收拾得光鲜体面，去养生馆上班，也真的挺适合她的。只是，不少人听闻她的经历后，都感叹自古红颜多薄命。

她笑笑，自己薄命吗？也许吧！30岁之前，有稳定的工作，稳定的收入；30岁之后，命运露出了狰狞的一面，穷困、病痛，一股脑儿全来了。好在她从不怨恨，也不伤感，只是坦然地笑着，选择活下去。

微信的朋友圈里，她经常会上传一些美容、养生的小知识，像一个贴心的朋友。偶尔，她还会发一些人生感悟："这一生，说长不长，说短不短，别计较太多，吃点亏也别放心上。留得青山在，不愁没柴烧。"

是啊，"留得青山在，不愁没柴烧。"作家刘墉曾经描述过他一位朋友的经历："朋友的生意垮了，从豪宅搬到铁皮屋，却毫无失意的样子。他一笑，是王八就别扮凤凰。当下只有萝卜吃，就安心吃萝卜，吃出萝卜的味道，何必去想吃不到的鲍鱼？得意也好，失意也好，成熟的人总要认知当下，接受当下，满足当下，活在当下，也才能把握当下，东山再起。没两年，她果然东山再起了。"

一花凋零荒芜不了整个春天，一次挫折也荒废不了整个人生。当生活让你受了委屈，给了你伤痛，让你尝到了失败的滋味，想想世间还有许多人也在经历着你所经历的一切，没有抱怨，没有绝望，而是背负着伤疤用力地生活。当生活露出狰狞的一面的时候，当别人在周围冷眼旁观、讥讽嘲笑看热闹的时候，拿出勇气来，就像《倾城之恋》里的白流苏一样，用微笑和勇气告诉他们："你们以为我完了，我还早着呢！"

03.终有一天会长大，何必成熟太早

无论我们走到生命的哪一个阶段，都该喜欢那一阶段的时光，完成那一阶段该完成的职责，顺生而行，不沉迷过去，不狂热地期待未来，生命这样就好。不管我们正经历着怎样的挣扎与挑战，或许都只有一个选择：虽然痛苦，却依然要快乐，并相信未来的美好。因为，一切都是最好的安排！

——加措活佛

她怯怯地走出象牙塔，迈入社会，身后是母亲焦急的神情、关切的目光和无休止的嘱咐。

"社会和学校不一样，见人只说三分话，未可全抛一片心；要学会圆滑处世，不能任意妄为，不能像在家里一样，没有人会拿你当孩子般宠着。"上班第一天，她满脑子都在重复这些话。躲在办公室安静的角落里，她半天不说一句话，偶尔开口询问工作上的事，也是小心翼翼，生怕不经意间打扰了谁的安宁，惹来不悦。

"大公司人多眼杂，一定要小心点儿，许多事情不像表面看上去那么简单。"一同事逢人就微笑，对她亦如是。进入公司后，令她觉得最温暖的，莫过于那一抹微笑了。可当她把此事说与母亲听时，得到却是这么一句回复。

深夜无眠，她开始怀疑生活，怀疑世界：是不是真的难以找到一片净土？是不是人心如此复杂难以揣摩？身上的青涩味道还未退却，难道就要披上成熟的外衣，掩盖所有的迷茫与不解，伪装成一个历经世事的人？她总觉得，那不是自己该有的样子，至少不是真实的自己。

她还清楚地记得，大学毕业典礼那天，《人民日报》社的一位主任对着满怀期待的莘莘学子，发表了一番恳切的致辞。现在想来，那番致辞，其实更像是一番语重心长的忠告："不用害怕圆滑的人说你不够成熟，不用在意聪明的人说你不够明智，不要照原样接受别人推荐给你的生活，选择坚守，选择理想，选择倾听内心的呼唤，才能拥有最饱满的人生。"

她决定，回归那个真实的自己，哪怕会头破血流，哪怕会遭受欺骗。

青春是一个自修的过程。年轻时，谁都不可避免要走一走弯路，走过了，试过了，自会懂得。成长，总需要一个过程；成熟，更不是谁教会的经验。若是走错了，就退回来；若是走得急，就缓一缓，停下来想一想，再继续走。

她像一个纯净的孩子，在职场里进进出出。她犯过"二"，不知谁是公司大老板的时候，直呼过对方的姓名，让整个办公室的同事及上司目瞪口呆；她犯过"浑"，不接受人事部的工作调动，给咄咄逼人的人事主管来了一个下马威，宁肯走人也不妥协；她犯过"错"，给客户邮寄包裹的时候，"私自扣留"了人家的高级电脑包，后又打电话连声道歉；她犯过"傻"，被一个奸诈的同事偷偷利用，还散播了不堪的谣言……她笑过、哭过、闹过，却也深刻体验了生活的各种滋味，并学会了判断和取舍，知道该如何稳稳地继续走下去。

时隔几年，在感情的选择上，母亲再一次扮演了"过度保护者"的角色。

一个是青春时尚引领潮流的男孩，一个是体贴温厚的老实男人。她说，喜欢前者的个性，和他牵手漫步在夕阳下，心里会莫名地悸动。母亲说，过日子就该选后者，轰轰烈烈终有一天会平淡，柴米油盐的琐碎终会淹没玫瑰的芳香。

其实，这还不是重点，真正让母亲担忧的是她是把爱情装在瓶子里欣赏的女孩，保持着幻想和期待，根本不知生活为何物。周围同龄的女孩都名花有主了，母亲不希望女儿在感情上浪费太多的时间，更不希望她凭借一时的冲动来决定一段婚姻。

像当年一样，她再一次违背了母亲的意愿，我行我素。

她对母亲说："在感情的世界里，我是没有成熟的果子。之前，看着别人都成熟了，就我不熟，心里也会着急。可现在，我不急了。熟了，不就掉了吗？什么都看透了，还如何享受爱的过程？也许这段恋情会无疾而终，到那时我才会彻底明白您口中所谓的生活是什么，但我还是要这么做。我不愿在任何人的经验里生活，我也不急着成熟。现在的我就是属于现在，与其急着练就'成熟'与'沧桑'，不如自然地过好这一刻。"

母亲不再多说什么，任由她去。与阳光男孩相处了数月后，这段爱情果然如母亲预料的那般，结束了，干净利落。对方是一个目标明确的人，阳光自信，却也很自我，在许多重要的问题上，他们的人生观与价值观无法达成一致，而她也明白了，自己曾经仰慕的这类人，只适合做朋友、做导师，不适合做爱人。

爱过了，走过了，没有遗憾了，即便放弃也是心甘情愿。她不忧伤，而是在第一次的恋爱与失恋中，学会了成长，变得更加理性了。

其实，不成熟不可怕，可怕的是，在不成熟的季节里故作成熟，委屈了自己，扭曲了个性。要么成了白天带着假面、不敢袒露出真实自己的傀儡；要么是在别人所指的路上前行，走着走着却频频回顾，想尝试那条自己想走却未曾走过的路，满心遗憾。

也许，在不成熟的日子里，会受一点伤，会走一点弯路，可化茧成蝶的唯美亦是不可替代的经历。待到老去时，坐在摇椅上回味着走过的路，流下的眼泪饱含沧桑，却笑在心田。我们总有一天会长大，所以真的不必成熟太早，慢慢成长，慢慢蜕变，才会出落成一个真实而饱满的自我，成就一段无悔的人生。

04.我走得很慢，但从来不会后退

> 我这个人走得很慢，但是我从不后退；学会忍受
> 不公平，学会恪尽职责。品格如同树木，名声如同树
> 荫；我们常常考虑的是树荫，却不知树木才是根本。
> 卓越的天才不屑走一条人家走过的路，他寻找迄今没
> 有开拓过的地区，成功始于觉醒。
>
> ——林肯

　　"你们交头接耳，我却像旁观者，渴望众人许可，冷静却缓冲我性格；我只是慢热，不是不快乐……"耳边传来许茹芸的那首《慢热》，她觉得，歌词就像是在唱自己。

　　慢热，是她后来才知道的一个词语；很久以前，她习惯将自己称作"笨小孩"。在别人的目光里，她也曾看到过"笨"的暗示与嘲讽。其实，这也怪不得别人，她也记不清究竟从什么时候开始，自己总是慢人家一拍。好在事物都是两面的，快有快的精彩，慢有慢的世界。

读书时，她从来不是那个老师提出问题后就能马上举手回答问题的孩子，这样的情景，一次也没有过。听到别人头头是道地回答问题后，在老师重新讲解时，她往往才会恍然大悟，甚至后知后觉。不过，但凡用心理解了的内容，她都会牢记于心，日后碰见时绝不犯错。

跑步时，她的身影总是在众人之后，虽说不是跑得最慢的那个，可终究不起眼。操场上，那些飒爽英姿的女孩子，永远能赢来周围人羡慕和欣赏的目光。至于她，跑得不快，唯一的可取之处就是，不会跑跑停停，自始至终都是一个步调。这种习惯，慢慢练就了她的耐力。在一次运动会上，一向不慌不忙的她，竟然夺得了3 000米长跑的第三名。

英语四级考试，第一次她没通过，低于及格线20分；第二次，她还是差了几分。同病相怜的室友，整天愁眉苦脸，念叨着"谁规定的，非要通过四级啊"，她一声不吭，每天早起就直奔自习室，埋头苦读。第三次，她的四级成绩超过了标准线近100分，令室友们瞠目结舌。临近毕业时，全宿舍只有她一个人通过了英语六级。谁都没想到，这个不多言不多语、低调慢热的女孩，竟有如此大的潜能。

到了恋爱的年纪，周围全是成双成对甜蜜的身影，她依旧形单影只。偶尔，她对镜独照，发现自己竟也不是那么难看，白皙的皮肤，不施脂粉却也算娇嫩；身材算不上魔鬼，但绝不臃肿。曾有过追求者，可相处短短数日，对方就嫌她"啰唆"。她知道，不是自己"啰唆"，而是她跟不上他的节奏，他渴望的是一夜之间就白头到老，她想要的，却是一场慢悠悠的不着急的恋爱。

她幻想着，在偶然间遇见那个人，在内心深处呼唤他的名字，找机会靠近他，鼓足勇气表白。直到两情相悦，经过痛苦的折磨和等待，发现彼此依然相爱，从此再也不愿分开，步入婚姻的殿堂，守候一生。

要找工作了，许多人像无头的苍蝇一般横冲直撞，没有方向和目标，只想弄个差事敷衍了事，混口饭吃，谈及未来的事，不过是三个字"没想过"或"不知道"。她也是城市里的漂泊者，要面临生活的压力，但她不急不躁，也不想随便去一家公司做自己不喜欢的事，与梦想南辕北辙。她想成为一名出色的广告策划师，这个需要经验的职位不是那么好谋得的。于是，她选择从最底层的广告公司职员做起，总要先进入这个圈子，再去争取其他。

从小职员，到广告AE，到策划助理，再到独立策划，这一路，她熬了好几年。初入公司时的那些同事，都陆陆续续地跳槽了，有的嫌平台不够大，有的嫌工资不够高，可是几年下来，看看那些人，生活似乎也并未有太大的改观，涨工资也不过多了千儿把块钱，找到大平台的也不过是充当跑龙套的小角色。她对现在的工作环境、职位、薪资，都颇为满意。也许，一切来得慢了点，但终究是自己想要的。

曾有几次跟同事去KTV，她都是在沙发上坐着，做个旁观者，听他们唱，看他们闹。偶然的一次，大家起哄让她唱一首歌，她略带着涩地唱了两首歌，一首许茹芸的《慢热》，一首周杰伦的《蜗牛》。轻声吟唱，悦耳动听，两首歌的气质都很像她，一个是表面上的慢热节奏，一个是内心坚定的执着。

散场后，同事在微信上对她说："我发现，你真的很不一样。看似不慌不忙，慢条斯理，可一不留神，就走到了所有人的前面。就像《蜗牛》里唱的那样，一步一步往上爬，找到属于你的那片天。"

她发过去一个笑脸，说出了心底的话："一直以来，我都比别人慢一拍，有些路走得很难、很累，但我都告诉自己，不能后退。小时候，我看蜗牛能看上半小时，看它如何在水泥青砖上爬。我觉得，我特别像蜗牛，非常敏感，一碰触角就会缩回来，但会背着自己的房子慢慢地往前走，不会左顾右盼。我不是能量场特别强大的人，也不是那种有着超级天赋的人，但若给我时间和空间，我愿意慢慢地找寻自己的方向，走完自己该走的路。"

身处充满着诱惑的世界，多少人前仆后继地飞奔着向前，可是，在前进的路途中，还有多少人记得自己目标是什么，哪里是我们的归途？置身在熙攘的人群中，别去看他人匆忙的脚步，也别总嫌自己不够优秀。记住，循着自己的脚步，无论有多慢都不要紧，只要你在走，总会有进步，总能看到心中的风景。

05.就算未能如愿，也曾尽力而为

如果开始没有认真考虑如何走下去，那么就继续顺着内心的道路……让每一个想扮演自己的人，都尽兴。故事是昨天的瞬间，沿着长长的路，恍然如梦，到永远。不要忘记出发时的决心，不要忘记曾经努力的自己。在别人喧嚣的时候安静，在众人安静的时候发声。不喧哗，自有声。

——《这么远 那么近》

这是一对父子心与心的对话——

儿子："爸爸，我不会辜负你的期望。以后，我会像你一样……"

父亲："唉，如果你学我，希望自己什么都比别人强，觉得自己应该比别人高几个档次，那就等于一只脚已经跨进了那个漂亮的陷阱里。躺在医院里，回头想想，我发现自己除了某件事做得还不错，其他的事简直就是垃圾。儿子，现实与理想总是有差距的，苛求太多，会让你对自己不满，不能接受自己和现实生活，常常觉得郁闷。这些年来，你不觉得我给你的印象总是刻板、固执的吗？我常常因为执着于一些小事，惹得你和周围的人都不开心。其实，我自己也觉得很累，压力很大，很少有开心的时候。所以，对于你，现在我只想说一句话——不管什么事，尽力而为就行了。"

有个年岁渐老的国王，想把王位传给下一代，却不知道三个儿子中哪一个更适合当一国之君。为了测试每个儿子的精力与智能，他想到了一个办法。

一天，国王把三个儿子叫到跟前，说："在我们国家最北、最偏远的地方，有一座雄伟的山峰，那是我们国家最险峻的山岭，我小时曾经爬到过山巅，山顶上长着全世界最老、最高、最壮的松树，堪称举世无双。现在，我派你们每个人独自去一趟那座高峰，并从最高大的树上摘一根树枝回来。把最棒的树枝拿回来的人，便可以成为新的国王。"

第一个儿子出发了，国王和其他两个儿子在家中守候。三个星期后，他风尘仆仆地带回一根巨大的树枝。国王似乎很满意，恭喜他完成了任务。

接下来，轮到第二个儿子了。他发誓，要比哥哥带回的树枝更好。这一次，他足足用了六个星期。当他回来时，众人看到他拖着一根庞大的树枝，比哥哥拿回来的大很多。他表现出了自己的英勇，国王似乎也很开心。

最后，只剩下第三个儿子了。国王说："现在轮到你了，我要看看你能不能带回更巨大的树枝。"小儿子怀揣一颗担忧的心，带着行囊出发了。他去了很久，直到第十四个周末，才传来返家的消息。国王和全体子民一同等候他的归来，因为他一旦回来，便可知道谁是未来的国王了。当小王子回来时，人们只见他低着头，全身的衣服又脏又破。更出人意料的是，他两手空空。他对国王说："父亲，我让你失望了。我去了那座雄伟的高山，可我爬到山巅之后，找了几天，根本没有看到任何树木。"

全场静默无声，片刻后，国王开口了："孩子，你没错。那座山峰根本就没有树，但我知道你尽力而为了。现在，我们的王国都是你的了。"

生活就是这样，有时我们希冀着找到最大的"树枝"，觉得那样的结局才是最好的，却不知道很多事情完美与否不在于结果，而在于你是否竭尽所能。人这一生，理想与追求不可少，勤奋和执着尤为重要，只是不要太过执着、期望太高。人的思想各不相同，能力高低有别，不可能事事都能够胜过别人，更何况人生不存在真正的输赢，赢了也不见得就是没有缺陷和遗憾。在得失的问题上看透一些，若已尽力而为，明天的路要怎么走，就随遇而安吧！

高考的时候，他失利了，没能进入自己心仪的大学。那个暑假，父母不敢在他面前提及高考的事，怕他难过，可他却很坦然地接受了这个结果。他对父母说："我不觉得遗憾，因为我尽力了。虽然结果和预期的有点出入，但你们看，现在我一样可以上其他重点大学，挺好的。"

大学毕业后，他加入了庞大的就业大军中。曾经让他一度心仪的单位在全国展开招聘，但最终只招录三人。他知道自己只是普通应届毕业生，但能够有机会去争取一下自己喜欢的工作，他自然不会放过。他住在北方，而初试、复试和最终的考核都要到广州去，他不辞辛苦，两地跑来跑去。可惜，在最后的一轮面试里，他被PASS掉了。很多人为他感到惋惜，可他又说："能有这个机会，能一路走到最终的考核，已然不易。这几次面试我尽了自己最大的努力，展示了我所有的才能，虽然没能被录取，但也没什么可后悔的。况且，以后的路还长，知道有不足，也未必不是一件好事。"

后来，他凭借自己的能力进入一家世界500强企业工作。对于工作中的每一件事，无论大小，他从不怠慢，认真踏实的态度为他赢得了上司的赏识。两年之后，他成功得到了晋升的机会。周围的朋友见此，大赞他能力强，尔后又向他抱怨自己工作能力不行，感觉什么都不如别人，生活不如意。他笑着说："不要总跟别人比，也用不着苛求自己。谁也不敢保证自

己永远都是生活的强者，什么事都能做到最好。我一直觉得，只要今天过得比昨天有进步，过得比昨天满足，比昨天成功，人生对自己来说，就是成功的。"

不管读书、工作还是生活，他都坚持尽力而为的原则：我做不了大树，就做一棵小草，衬托树木的高大挺拔；我做不了大海，就做一条小溪，成全大海的海纳百川；我做不了月亮，就做一颗星星，突显月光的皎洁。带着这样一种平和而不失斗志的信念过活，他的人生在不苛求中无限地接近成功，接近幸福。

美国作家哈罗德·斯·库辛说过："生命是一场球赛，最好的球队也有丢分的记录，最差的球队也有辉煌的一天。我们的目标是尽可能让自己得到的多于失去的。"

诚实、努力、尽力而为，当你遵行了这样的信念去生活时，即便沿途两手空空，到最后你仍然会发现有丰硕的果实在等着你。

Chapter7
即使没有人鼓掌，也要优雅地活着

如果没有人相信你，那就自己相信自己；如果没人欣赏你，那就自己欣赏自己；如果没人祝福你，那就自己祝福自己。用心去触摸属于自己的阳光，用爱去创造属于自己的天地。当自己学会珍惜自己，世界才会珍惜你。

01.总有那么一段路，你得一个人走

　　一件事无论太晚还是太早，都不会阻拦你成为你想成为的那个人，这个过程没有时间的期限，只要你想，随时都可以开始。要改变或者保留原状都无所谓，做事本不应该有所束缚，我们可以办好这件事却也可以把它搞砸，但我希望最终你能成为你想成为的人。

　　　　　　　　　　　　　　　　　——《返老还童》

　　周国平在《灵魂只能独行》中写过："灵魂永远只能独行，即使两人相爱，他们的灵魂也无法同行。世间最动人的爱不仅是一颗独行的灵魂与另一颗独行的灵魂之间的最深切的呼唤与应答。灵魂的行走，只有一个目标就是寻找上帝。灵魂之所以只能独行，是因为每一个人只有自己寻找，才能找到他的上帝。"

　　人生，犹如一场旅行，有些人会陪你走过大半旅程，但他们终会与你分别。说到底，人生还是一场一个人的旅行，总有一些路，你得一个人；总有一些滋味，你得亲自品尝，无人可替代，无人可陪伴。

出国前的那一年，日子苦闷无比。

午夜时分，她发信息给挚友："一盏孤灯，一本厚书，怀揣的是什么？只有梦想。"

周围平寂无声，通宵自习室里的人寥寥无几，有人趴桌子上睡着了，有人看电影看得入神，有人跟恋人一起静静发呆。她手里拿着GRE红宝书，枯燥零散的单词，像一个个被施了魔法的家伙，"消灭"了不久之后，又自动"复活"，她就在背了忘、忘了背的循环中，数着每天的日出与日落。

曾几何时，她还想着有人与自己并肩作战，在彼此的扶持和鼓励之下，也许会走得更快、更稳，一起举杯庆贺，一起把酒言欢。室友中间也有人要考研，只是愿望不那么强烈，更多的是想逃避现实的压力，希望晚几年再去工作。若真的考不上，也就算了。

有时，人一旦有了退路，往往就不会全力以赴。所以，此刻的她在通宵自习室，室友却在宿舍里蒙头而眠。也许，通往梦想的路注定是孤独的，但这条路是自己选择的，只能忍受孤独和寂寞，吞咽所有的苦楚。

出国后的第一个月，孤独而无助。

陌生的环境，陌生的人群，怎么也看不顺眼的路标，异国他乡，前所未有的孤独感萦绕心头。她说，自己向来都是一个怀旧的人，需要用很长的时间才能熟悉新的环境。

然而，不管适应与否，现实都在强迫着你融入新的生活，无法给予你太多时间去适应。你得熟悉附近的环境，知道搭乘什么车去商场，学会独自去银行办理业务……她多么渴望有一个熟悉的身影出现，陪着自己去做这一切。然而，所有的期待和幻想不过是在浪费时间，该做的事总得做，硬着头皮也得去做，一个人也得做。

留学生涯最初的那段日子，她再一次体会到有些路，真的只能一个人走。你不能寄希望于任何人，你可以学习他人的经验，但最终要去做那件事的人，始终还是自己。也好，当没有人可以依靠的时候，就真的懂得了独立，而在学会独立的过程中，也恰恰是成长最快的时光。

间隔年的那场旅行，依旧无人陪伴。

研究生毕业了，她想来一场欧洲游，原本有校友约好同行，谁知对方在出发前变了卦。去，还是不去？如果去，就要一个人到陌生的国度，独自面对未知的恐惧；如果不去，就买机票回国，但不知道何时才能够再有这样的机会。带着不甘和遗憾离开这片土地吗？她反复问自己，答案只有一个：不！

背上背包，按照既定的路线，她出发了——时尚而浪漫的巴黎，历尽沧桑的罗马城，有"上帝的眼泪"之称的威尼斯，

繁华而纯净的古城米兰，徐志摩笔下的"翡冷翠"佛罗伦萨，适合流浪的布拉格……所见所闻，给了她视野上的超级享受，同时也让心灵品尝了一顿饕餮之宴。沿途，她碰到过许多热心的人，也见识过许多不懂当地语言却在异国他乡生存下来的人，这一切帮她冲破了内心的恐惧。

归来后，她自豪地说："我想，今后不管让我一个人去什么地方，我都不会害怕了。"

当一个人走过一条陌生的道路，看过陌生的风景，在行走中找寻到那个强大的自己时，他就不会再畏惧生活。这段路无人陪伴，却能体验到精神世界的富足，可以借助一个人的时光来感悟生活，感悟生命。

日本作家川端康成说："我独自一个人时，我是快乐的，因为我可以孤独着；与人相处时，我发现我是孤独的，只因为我已经变得很快乐！"

一个人未必孤独，两个人未必不孤独。人生之旅，能够找到一路携手的人固然是幸事，可有些时候，有些路注定只能一个人走，有些心情只能一个人感受。

孤独既可让人变得脆弱，也可以让人变得坚强。经历了孤独与寂寞，可以丰富阅历，锻炼意志，如此孤独也就有了全新的概念。当你在追逐梦想的路上感到孤独时，不要害怕，那是你在勇敢地面对生活，面对现实。

02.每个优秀的人都有一段沉默的时光

　　每一个优秀的人，都有一段沉默的时光。那一段时光，是付出了很多努力，忍受孤独和寂寞，不抱怨、不诉苦，日后说起时，连自己都能被感动的日子。

　　　　　　　　　　　——《你受的苦将照亮你的路》

　　当年，他成功地执导了"父亲三部曲"和跨越中西文化的"西方三部曲"，并以《卧虎藏龙》获得2001年奥斯卡最佳外语片奖，成为第一位捧得奥斯卡奖杯的华人导演。

　　时隔12年，2013年北京时间2月25日上午（美国当地时间2月24日下午），他又凭借《少年派的奇幻漂流》获得奥斯卡最佳导演奖。

　　也许，你已经猜到了他的名字。没错，就是李安。

　　李安从台湾国立艺专喜剧电影系毕业后，到美国留学，在伊利诺大学学习戏剧导演。毕业后，他留在美国，试图开拓自己的电影事业。梦想虽好，现实很难，一个没有任何背景的华人，想在美国的电影界立足，真的有点像痴人说梦。

曾有一位经纪人看中了李安的才华，答应做他的经纪人，但苦于没有适合的剧本。李安只得选择默默等待，没想到，这一等就是六年。

这六年，李安是如何度过的？

当时的他不是单身汉，有妻子，有孩子。一个失业的男人，没有任何收入，养家糊口的重任全都落在了妻子林惠嘉身上。幸好，他遇见了一个好妻子。妻子林惠嘉坦言，她也曾伤心绝望过，也曾向自己的母亲诉苦，母亲甚至还劝过她离婚。可是，转念一想，夫妻不就应该相互支持吗？比起丈夫李安受的苦，自己所做的根本算不得什么。看到丈夫每天在忙着写剧本之余，还包揽了所有的家务，她心里也很欣慰。

把养家的重任压在一个女人肩上，李安实在过意过去。他开始偷偷地学电脑，在那个年代，懂电脑的人找工作相对容易一点。妻子坚决反对，她知道李安只喜欢电影，当初，她嫁给李安的时候，就知道电影是李安唯一的热爱的事业，所以无论好坏，她都必须接受。说她给李安最大的帮助，就是让他一个人去沉淀、成长。

可以说，在1990年以前，李安一直是默默无闻的。外人嘲笑过他，轻视过他，可在家人的支持下，他依然坚持着自己的电影生涯。

很多时候，破茧而出，其实只需要一个机遇。

1991年，李安编写了《推手》，获得台湾当年的政府优秀剧作奖。影片上映后，好评如潮，他获得当年台湾金马奖最佳导演奖提名。这次的成功，极大地鼓舞了李安。随后，他又拍摄了《喜宴》《饮食男女》《理智与情感》等影片，并连续获奖。

蛰居六年后，李安迎来了他的辉煌。

还有一个人，年轻时在茶楼当过跑堂，在电子厂当过工人，却一直梦想着有一天能主演一部电影。只是，理想离现实太远，进入剧组后，他也不过是做一些帮人买早点、洗杯子的杂事，根本没机会参演角色。

三年后，他终于有机会演一些小角色了，偶尔能够有几句台词。那部曾轰动一时的古装剧《射雕英雄传》里面，就有他的影子——一个无名的侍卫，出场没几秒就死了。

外形瘦弱的他，根本不被导演看好，观众的鲜花与掌声只愿献给美女和英雄。失落之余，他转行去做儿童节目主持人，一做就是四年，他的主持风格独特，深受孩子们的喜欢。当时，有记者写了一篇报道讽刺他只会做鬼脸，乱蹦乱跳，根本没有演电影的天赋。这篇报道深深地刺伤了他，他把报道贴在墙头，警醒自己一定要演一部像样的电影。

他忍受着冷眼与嘲笑，重新跑起龙套，演一些只有几句台词的小角色。然而，他把每一个机会都当成是救命稻草，拼命地展示自己，就像急于在夜空绽放的烟火。

终于，在1987年，他参演了一部《生命之旅》，尽管只是个小角色，但终究有了飞翔的空间。从此，他开始用小人物的卑微和善良，演绎自己的人生传奇。经历过低谷期的挣扎，拍摄完50多部戏剧作品之后，他成了大众心目中的喜剧之王——周星驰。

再说一个彻头彻尾的"失败者"——他用20年的时间，写了一本没有人看的小说。

然而，谁也没想到，他最终成了20世纪法国最伟大的作家之一。到了晚年，他回首往事，才发现那些难熬的日子才是他一生中最美好的时光。因为，那些时光造就了他。而那些开心的日子呢？他说，除了消耗了时间，他什么也没学到。

他就是普鲁斯特，而那本无人欣赏的书就是《追忆似水年华》。

俞敏洪先生说过一段话："我们人的生活方式有两种：第一种方式是像草一样活着，你尽管活着，每年都在成长，但是你毕竟是一棵草，吸收雨露阳光，可惜的是长不大。人们可以踩过你，但是人们不会因为你的痛苦，而产生痛苦；人们不会因为你被踩了，而来怜悯你，因为人们根本就没有看到你。我们每一个人，都应该像树一样地成长，即使我们现在什么都不是。但是只要你有树的种子，即使你被踩入泥中，你依然能够吸收泥土的养分，使自己成长起来。当你长成参天大树以后，在遥远的地方，人们就能看到你，走近你。"

也许，每个人在得到理想生活之前，都必然要经历一段不太理想的日子，我们要学会接受这段不大满意的时光。每天告诉自己要努力，纵然看不到希望，也要相信自己，坚持下去。别怕孤单，别怕冷落，每一个优秀的人都有一段沉默的时光。那段时光，是付出了很多努力，忍受着孤独和寂寞，不抱怨、不诉苦，日后说起时，连自己都能被感动的日子。

但愿，在未来的某一天，回顾起曾经的一切，你也能够坦然地说，是那些沉默的、艰难的时光，造就了最好的你。

03. 不要去沉醉那些得不到的幻想

如果人们能对自己的生活看得更开一些，他们就会发现，那些他们努力追求却总是得不到的东西，许多都不是他们真正想要的。

—— 阿德烈·莫洛亚

"我对你永难忘，我对你情意真，直到海枯石烂，难忘的初恋情人……"多年前，邓丽君的这首《难忘的初恋情人》红遍了大街小巷，让无数人在脑海里勾勒出初恋情人的模样，引发他们对逝去爱情的深深怀念。

有一位俊朗的青年，文笔出众，才华横溢。生活中，他也是个"讲究"的男人，他的住所永远都是干净整洁的，并且还能做一桌拿手菜。为此，周围有许多女孩青睐他，纷纷展开追求。可惜，年过三十的他似乎从未对那些追求者动过心，任她们如何献殷勤，他都不为所动，只是委婉地拒绝。

其实，不是他不想恋爱，而是他过不了心理上的那一关。

读大学的时候，他曾经交过一个女朋友，那是他的初恋。对方是一位非常优秀的女孩，她本身学的是英语专业，能说一口流利的英语，同时也是学校里的文艺分子，还担任着学生会的干事。两人的感情很好，只可惜天妒英才，在临近毕业的那一年，女孩在回老家的途中遭遇了车祸，永远地离开了这个世界，离开了他。这件事给他的打击太大了，他根本接受不了。得知这个消息后，他整个人都崩溃了，过了大概半年，才稍微振作一些。

如今，那件事已经整整过去十年了。尽管这些年他的周围也出现过很多不错的女孩，可在他心里，谁也无法跟那个离开人世的女友相提并论，他总在想："如果她还活着，一定有大好的前程；她的性格非常好，我们很合得来，我不敢保证还有人能比她更适合我；如果她还活着，我们现在已经……"

或许，溜掉的鱼儿总是最美的，错过的电影总是最好看的，得不到的恋人总是最难忘的。很多人在为他的痴情所感动的同时，也不禁在想：他的故事虽是个案，但像他一样始终忘不掉以前的恋人的人却不计其数。

究竟那个得不到的人，有没有那么好？值不值得用一生的幸福去怀念？

西方心理学家契可尼通过试验，给出了这样的答案：一般人对已完成的、已有结果的事情极易忘怀，而对中断了的、未完成的、未达目标的事情却总是记忆犹新。这种现象就叫作"契可尼效应"。

很多人的初恋都没能开花结果，成为上面所说的"未能完成的""中断了的"的事情，结果深深地印在了人们的脑海里，终身难忘。因为没有真实地体会到那种得到的感受，就把没有得到的东西理想化，无限地扩大他们的美好。其实，很多"好"都是人为想象出来的，因为没有得到；想象的空间是无限的，可以预计无数种可能，所以必然是美好的。

除了爱情，生活中还有很多类似符合契可尼效应的情形。

买衣服时你原本看好了的那一件，被别人抢先买走了，而那又是限量版，你心里可能会很失落，纵然店家另外给你推荐更好的、更漂亮的、更优惠的，你都没心思看；两样东西让你只能选择一个，不管选了哪个，回去之后你都会不自觉地想起另外一个，总觉得有那么点"遗憾"，因为你没得到它。

越是得不到，越是想得到，这是人普遍存在的心理。似乎，所有的美好都在"山那边"，身在近处，想念远处；身在此岸，向往彼岸。然而，那些我们千方百计想要得到的，甚至费尽心力终于得到的，真的有那么好吗？

有这样一个故事：动物园里，饲养员喂猴子时，不把食物放在它们够得着的地方，而是放进树洞里。猴子们想尽办法去"够"树洞里的食物，最后学会了用树枝把食物从树洞里弄出来。饲养员说，那不过是一些吃剩下的东西。

我们又何尝不是如此？常常忽视身边的东西，唯有那些和自己有点距离的，需要踮起脚尖才能够到的，甚至望尘莫及的，才让我们心动不已。殊不知，得到的也未必就那么好，摆在自己眼前的也未必有那么不堪。如果只顾着看那遥不可及的海市蜃楼，就会白白错过近在咫尺的良辰美景。

况且，一味地去"够"那些与自己有一定距离的东西，会让我们付出代价，这种代价可能是时间、精力、健康、财富、自尊、爱情，等等。纵然这一秒得到了，下一秒可能还会因为自己的贪恋，于是舍弃了手里的，再去追逐新的，什么时候才能停下来呢？

老一辈的人常说：别人碗里的饭总是香的。话语粗糙，可道理不假。从望尘莫及、追悔不已、怀念过去中走出来吧，看看周围那些爱你的家人朋友，数数自己生活中已经拥有的东西，想想自己此刻还能做点什么力所能及的事，也许你的心会变得宽阔一些。

生命是有限的，为了想象中的人和事浪费时间和精力，实在太可惜了。有时，认命而不信命，其实也是一种智慧的生活方式。

04.对生命而言，接纳是最好的温柔

　　一个拥有自己的过程，真正完完全全拥有自己的过程，也就是开始去追求自由的过程。当自己能够去追求自己、爱自己、拥有自己，并且在这个过程中觉得"当周围所有的人都不了解也不接纳我时，至少还有自己是了解、接纳、拥有自己的"，只有在不需要完全仰赖他人的评断时，心的自由才会发生。

——《亲密孤独与自由》

　　小时候，他就对自己不满意，因为他家是村子里的"困难户"，他是班里的"穷孩子"。有时候，他特别厌恶自己。母亲在乡下给人洗衣服，他觉得很丢人，就算学校有事开家长会，他也总是以父母有事为由来推脱，他怕别人笑话自己，更怕别人看穿他的自卑。

　　他经常抱怨，为什么不让自己生在一个富裕的家庭，如果那样的话，他就可以积极大胆地回答老师的问题，就可以在

上学、放学的路上跟自己认识的女生搭伴而行，就可以在班里举办文娱活动的时候主动报名参加。可是这一切，他现在都不敢做。

长大后，他依然不敢直视他人的目光。学校里要求各小组发言，他从来都只是座位上的听众，根本没勇气站到台上；遇到不得已非要发表演讲的情况，他就提前背下要说的话，反反复复地练习，晚上都睡不着觉，直到这件事过去，心里才踏实。

尽管他这么"用心"，可台下的同学们交头接耳，似乎并没有听，他有时就在怀疑，他们是不是在议论自己，自己看上去是不是很窘？是不是有哪句话说得不好？是不是表情很僵硬？他甚至有点讨厌那些同学，更讨厌这样公开说话的场合，之后，但凡有这样的活动，他都找借口不参加。

成年后，他依然畏惧他人的目光。不过，这时候的他已经知道如何掩盖自己的自卑了——伪装。别人问他学历如何，他故作轻松地说是本科，实际上他只有高中毕业。别人问他父母做什么的，他轻描淡写地说做生意，其实他们的生意就是一间几平方米的杂货铺。

他真的太害怕了，怕人说他没有文化、水平低，怕人说他家境不好、没见过世面。他跟人交谈时，总会表现出一副"我都懂"的姿态，实际他是在掩饰内心的自卑和怯懦，越是装，他就越痛苦，越不能接纳生活中那个真实的自己。他所有的，只是厌恶和憎恨。

直到那天，他读到了一个人的故事，才恍然大悟——

他毕业于哈佛，顺利从本科读到博士，是哈佛三名优秀生之一，被派往剑桥进行交换学习；他是个一流的运动员，16岁那年获得了全国壁球赛冠军，还传奇般地带领以色列国家队赢得壁球赛的世界冠军，被视为民族英雄；他的"积极心理学"课程，即所谓的"幸福课"在哈佛受欢迎度排名第一；他给世界500强企业做培训获得极高的评价，被誉为"摸得着的幸福"，还因此成为美国课酬最高的积极心理学大师——这个人名叫沙哈尔。

他没想到，一个在世人眼中如此成功的人，在接受采访时，竟也会表现出腼腆与害羞。他印象里的那些成功激励大师，应该是激情澎湃口若悬河的，怎么会紧张呢？可是，沙哈尔很坦白地说"我曾经不快乐了30年"。

沙哈尔的成功秘诀，只有简简单单四个字：接受自己。

他没有因为自己是专家就要求自己必须"像"专家，他也不会因为腼腆害羞而自责，也不会为紧张而焦虑，更不会告诉自己不要紧张，或是用什么方式强行压抑紧张。面对这些具体而细微的心理情况时，他只会对自己说：我接受自己的紧张，OK，Go ahead！

最初被外派美国培训的三个月，沙哈尔承认自己一直很紧张，因为在一个新的文化环境里找不到自己的位置。他曾经希望自己像某个同事一样富有感染力，幽默洒脱，他还刻意花费心思去学习美式幽默，但事实上，他的感觉并不好，因为这种行为和感觉都不够自然。后来，很多人在不经意间向他透露，更喜欢他本真的样子。于是，他又做回了自己，还惊喜地发现，这种感觉特别好。

从沙哈尔的经历中，他意识到：人唯有接纳自己，才会快乐。如果一直怀疑自己、否定自己，那么生活中的一切也会受到负面的影响。心中的那个声音，时刻准备着抓住自己的失误和弱点，然后做出严厉的批评，让自己背负令人痛苦的情绪，对自己感到失望，摧毁自信。如果能抛开这个声音，完全地接受自己，认为自己是值得爱的、有用的、乐观的，那么不管自己有多少缺陷，曾经犯过多少错，都可以平静坦然地接受，没有丝毫抵触与怨恨。

也许，你会问：该如何学会接纳自己？接纳，意味着接受事实，承认事实。

不要再责骂自己、挖苦自己，无论你有多少缺点，曾经做过什么错事，从现在开始，尝试着去接纳自己，接纳现在的生活，当你的表现没有满足自己所期待的时候，也要告诉自己，现在发生的所有都是再正常不过的事。

不要再因为家庭而给心灵蒙上阴影，那些让你感到自卑和讨厌的事，如果你愿意承认它、接纳它，那么它们也会成为人生的一份礼物。

　　不要以微瑕掩碧玉，莲花就是莲花，玫瑰就是玫瑰，只要做自己。试着爱上你生命中的一切，它们组成了活生生的你。也许，在许多方面你仍然无法跟别人相提并论，可那些都不重要了。重要的是，让自己放下所有负面的能量，真心地相信，人生的一切都是最好的安排。

05.努力而不浮躁，最好的总会到来

> 人生在旅途，需要的是对人生的一种尊重，人海
> 茫茫里穿梭，不退缩，不偏激，不浮躁，莫问幸福有
> 多远，微笑向脸开两边。
>
> ——延参法师

曾有人说："浮躁是一种虚妄性、情绪性、盲动性相交织的情绪状态，是一种病态社会心理，它使人失去对自我的准确定位，无法让梦想成为现实。"

一个虔诚的妇人，终日拜祭神灵，希望神可以帮她完成心愿。终于，神被她感动了，问她："你求什么呢？"妇人答："我求心想事成，一帆风顺。"

神从口袋里掏出一个宝瓶，对她说："这是一个宝瓶，如同你的心一样。当你静下心时，它就会帮你达成心愿；如果你急于求成，心浮气躁，它会让你一无所有。"说完，神就

走了。

妇人半信半疑，但谨记着神的话，尽量保持心态平和。她试着幻想一桌饭菜，果然一桌丰盛可口的饭菜出现在她眼前。她没有得意忘形，又想着变出一袋金钱，很快一袋金钱便掉在她的脚下。之后，她让宝瓶变出豪宅，一切都应验了。

这时，她已经有些按捺不住内心的喜悦了，又让宝瓶给自己变出马车、财物和仆人，她的欲望越来越大，心也开始飘飘然。当一切出现在眼前时，她激动地拿着宝瓶高兴地手舞足蹈起来，不料一个踉跄，连人带瓶都跌倒在地。宝瓶碎了，那些豪宅、马车、美食、仆人也在一瞬间消失殆尽。

静下心来，不慌不躁，心想事成并不是什么难事，只要你熬得起、忍得住，一步一个脚印地走，抵达终点是迟早的事。一旦心浮躁了，那么原本美好的事情，也会朝着糟糕的方向发展。

可惜，现代人似乎已经找不到一个可以冷静驻足的理由和机会，在追求效率和速度的同时，也就失去了优雅和从容，内心的声音便被这种繁忙与喧嚣淹没。恬静如诗般的生活，那种"风物长宜放眼量"的情怀，早已成为现代人遥不可及的幻想。

在满眼浮躁的群像中，青年人不能安心向学，中年人焦虑不安，老年人失望自弃；心理学家称这种全民浮躁现象为"时代的基本焦虑"。人们开始感到逼仄、狭窄，开始去求医、问药，期待在内心阴郁的日子里寻求心灵上的平衡。

二十多年前，她大学毕业，被分到离县城五十多公里远的小学任教。那时候生活艰苦，没有菜市场，没有超市，没有杂货店和小卖部，一周的饭菜都要从自己家里带去，吃的东西也很简单，只有馒头和咸菜。村里没有电视，没有电脑，没有手机，一天只有一趟车进出，路面坑坑洼洼。唯一的乐趣，就是把自己带去的那几本名著翻来翻去，最后翻得都不像样子了。

她说，那时候特别羡慕别人进城。

终于，她也熬出了头，被调到了城里的学校。再看那些依然在乡下的同事朋友，她心里不免滋生了一些优越感。后来，日子越来越好，周围高楼大厦拔地而起，整个世界都在变化。宽阔的柏油马路和来来往往的车辆，将城市装饰得无比华丽，如梦境一般美好，而夜晚的灯红酒绿，又让人多了几分迷茫。

此时，为人所羡慕的已经不是他们这些端着"铁饭碗"的人了，而是那些下海经商赚了大钱的人。她认识的朋友中，有人南下经商，赚了一个盆丰钵满。再看自己拿着的那点死工资，心里不免有些失衡。

这些年来，她的心一直没有平静过。不管是在乡下任教过着苦日子时，还是调回城里分了房子、涨了工资后，她始终觉得自己的脚步慢了别人一拍。无奈的是，她把这一切归咎于外界的环境，从未反思过是自己急于求成、攀比之心、欲望贪念，加剧了她的不安和失落。

国学大师陈寅恪在一次演讲中告诫学生："心有浮躁，犹如草置风中，欲定不定。"你可以说是世界变化太快一切还来不及适应，也可以说由于走得太急心灵跟不上节奏，但无论什么时候，心浮气躁都是腐蚀心灵的最大祸首，我们一生都应该对它保持警惕。

漫漫人生之路，我们都要学会静心，不被浮躁迷惑双眼和心智。人生总会遇到风雨和暗流，或者一次刺激的旅行，或者一段浪尖上的奔波，但终究还是会归于平静。这不是日复一日，不是一切如旧，而是体验过百味、沉淀了岁月之后，一切归于宁静——这便是生活。

学会用平平常常的心态、高高兴兴的情绪，快节奏、高效率地多做平凡、实在的事情。学会把平凡的、实在的事情做得有滋有味、有声有色、如诗如画、如舞如歌。

Chapter8
把平淡的日子，过成诗

别感叹生活太过平淡，人生除了幸福和痛苦，平淡占据了大部分的时间。学会享受平淡，平淡如同清茶，点缀着生活的宁静和温馨；学会承受平淡，学会承受淡淡的孤寂与失落，承受那挥之不去的枯燥与沉寂，还要承受那遥遥无期的等待与无奈。当你把平淡的日子过成了诗，串联起的人生便会熠熠生辉。

01.在合适的地方，享受静好岁月

时光悠然，不快不慢，其实是对人生的一种提醒。把握自己的力量，活一场适合自己的人生，让心态慢下来。路在脚下，对自己做一份合理的安排，不忘初衷，悠然向前，不管是命中注定的磨难，还是命运的临时考验，都能泰然处之，活一份自在，活一份安然。

——延参法师

忘了从何时开始，"逃离北上广"频频作为显赫的标题，出现在各大网站上。毫无疑问，这也是关于生活方式的一种抉择。

《南方周末》曾经刊登过一篇题为《做沙丁鱼，还是做咸鱼》的文章，犀利地将问题抛给了所有漂泊在大城市的人们：是选择在北上广，被挤得像沙丁鱼；还是选择在老家，当死咸鱼？对此，许多人左右为难，青春、梦想、希望，实在难以安放。

一家传媒公司的职员L说："小时候我在作文里写到，最大的愿望就是去北京。然后，这个地名就成了我的梦想。我努力读书，考上大学，最后留在了这座城市里。坦白说，北京不如想象中那么美，甚至现实得残酷，住在拥挤的合租房里，我每个月的工资都要算计着花，但我不后悔，无论甘苦都是我的选择。坚持，是我留在这里最大的理由，不愿让梦想轻易破灭。我相信，鳞次栉比的写字楼里充满了机会，只要耐心地寻找，耐心地等待，总会有我生根发芽的土壤。"

　　从小城市奔向广州的H说："这里竞争激烈，但我相信，我可以靠自己的能力养活自己。我的家乡是一个小县城，没有多少就业机会，想进入稍微好点的企业，还得靠人际关系，我没什么家庭背景，也不愿意成为潜规则的牺牲品。在一线城市，竞争环境相对公平，我愿意靠自己的能力生存。"

　　从上海迁居大连的K说："这里的经济比上不足比下有余，生活节奏却慢了许多。最初，我还有些不习惯，不甘心，可在大连生活了半年后，我爱上了这里。这个海滨之城，气候宜人，环境清新，也有不少外资企业将自己在中国的经销区建在这里。我的薪水不如在上海时多，但压力也小了许多。闲下来的时候，虽没有夜夜笙歌，但也能去海边走走，我想，这才是原汁原味的生活。"

　　逃离大城市回到家乡的F说："从上大学开始，我就离开了家，直到十年后，我又重新回到了这里。见过了大城市的繁华，心里莫名地开始想家，也许这里并不富足，但可以日出而作，日落而息；也许这个地方不大，但能够跟父母生活在一起，不用为房租和搬家发愁，也不用在失去工作时焦虑得失眠，担心明天无处可去。家，永远是最后的依靠。现在，我和父亲一起种山茶，年收益也不错，我很享受这样的生活。"

听到这些不同的心声，不免联想到《伊索寓言》里那则关于城市老鼠和乡下老鼠的故事：

城市老鼠和乡下老鼠是好朋友。一天，乡下老鼠写了一封信给城市老鼠，信上说："老兄，什么时候有空来我家里玩啊，这里有美好的自然景色和新鲜的空气，还有悠闲的生活，你一定喜欢。"

城市老鼠接到信后，高兴坏了，连忙起身就去了乡下。到那里后，乡下老鼠拿出了很多大麦和小麦，款待客人。城市老鼠见了，不以为然地说："你怎么老是过这种清贫的日子啊？在这里住着，除了不缺食物，什么都没有，你不觉得乏味吗？我想，你还是应该跟我到城里去看看，那儿的生活不知道有多美呢！"

乡下老鼠跟着城里老鼠进了城。到了城市老鼠的家，乡下老鼠顿时就傻眼了，它哪里见过这么豪华、干净的房子啊！见此情形，不由得心生羡慕。想想自己，在乡下，每天从早到晚一直都在农田上奔跑，长期吃大麦和小麦，冬天还得在寒冷的雪地上搜集粮食，夏天更是累得汗流浃背。跟城市老鼠的生活比起来，自己实在太不幸福了。

闲聊了一会儿，它们爬到餐桌上开始享受美味大餐。突然间，砰的一声，门开了，有人走了进来。它们吓了一跳，连忙躲进墙角的洞里。乡下老鼠哪里经历过这样的场面，它从惊吓中缓过神来，戴起帽子，对城市老鼠说："老兄啊，还是乡下平静的生活比较适合我。这里虽然有豪华的房子和美食，可每天都紧张兮兮的，我还不如回乡下吃麦子，至少心里踏实啊！"说完，乡下老鼠就离开城里，回乡下了。

不同个性、不同习惯的老鼠，眷恋着不同的生活方式。即便它们都曾经对不同的世界和生活感到好奇，可最终，它们还是回到了自己所熟悉的地方生活，并且都重新获得了快乐和满足。

每一物种都有着自己的生活方式，鹰击长空，鱼翔浅底，虎啸深山，驼走大漠，选择了适合自己的方式生活，才造就了生命的奇迹。只要内心有方向，每个人都可以选择自己喜欢的方式生活。若心灵迷失了，去哪儿都是逃离；若心有方向，走到哪里都有追寻的目标。就像当年苏轼被发配到惠州时写道：试问岭南应不好？此心安处是吾乡。

其实，生活没有绝对的好与坏，你喜欢的、适合你的，就是最好的，在那个可以让灵魂撒欢儿的地方，滋润地活着，就是生命最好的体验。

02.平平淡淡，才是最真的幸福

　　真正的安全感，并不是选择谁以及这个人所代表的生活，而是你自己。如果你真的活得好，从前所有的委屈，所有的伤害，所受过的白眼，一切恩情爱恨，后来的一天，都付笑谈中。曾经的伤痛、曾经掉过的眼泪，不过是生命中无可避免的历练。

　　　　　　　　　　　　——《谁拿情深乱了流年》

　　门对门，两户人家，两种不一样的人生。

　　1号门的女主人，年轻时是个清新脱俗的美人，宛若一株百合。到了适婚的年纪，辞掉了高薪的工作，结婚嫁人，全心全意地当起了全职太太，经营着自己的小家。然而琐碎的生活，渐渐磨去了她那颗年轻的心，岁月也在她的脸上留下了痕迹。那双原本纤细的玉手，也在操劳中变得粗糙。

　　外表的变化，不过是岁月的印记，无可厚非。变化最大的，还是她的心。不知道从什么时候开始，她开始对金钱有了前所未有的渴望，那个曾经简单、清纯的女子，恍然间成了一个庸俗而刻薄的女人。

争吵的声音，经常穿透防盗门，让楼道里弥漫着一股火药味儿。生活的平淡，让她变得不可理喻，频繁地与丈夫争吵。直到有一天，丈夫摔门而出，数日未归。她哑然，这个耗费了自己大好青春和时光的男人，怎么说走就走，难道他就这么厌恶自己，不愿意和自己说话，连争吵都省了？

某天深夜，丈夫满脸疲倦地回来了。此时的她，已经冷静了下来，不再吵嚷。她煮了一碗面给丈夫，丈夫倒了一杯酒，吃着面，沉默不语。望着一脸"无辜"的她，他缓缓地说："刚认识你的时候，你天真而可爱。现在，我怎么看你都觉得陌生。钱是很重要，可它不是我们的全部，也不是生活的全部啊！"

她眼睛红肿，默默地抽泣着。那一刻，她竟然也有点瞧不起自己，世俗纷争，不过是过眼云烟罢了。家里的人若都走了，家还是家吗？

同样是那个夜晚，2号门的房间里，却是另一番情景。

2号门的女主人刚把菜放进锅里，手机就响了，是丈夫打来的，问她睡了没有。她说，正在给他热菜，丈夫却提议，晚上出去吃。

已是深更半夜，去哪儿呢？她迟疑了。丈夫只说了一句

"穿好衣服，我在楼下等你"，就匆匆挂了电话。她只好穿上羽绒服，起身出门。刚出门，就听见丈夫的轻咳声，原来他担心她害怕，特意上来接她。

他是出租车司机，刚刚收车。她说，在家里吃饭不是挺好的吗？干净省钱。丈夫却说，只是到外面简单吃点，不会太浪费，还嘱咐她以后别再给他热菜了，早点休息，别跟着熬夜。两人在车里的对话平淡而温馨。一边说着，他还打开了暖风。

街上车不多，行人更少。想起他每天都在这个时候收车，她不免有些心疼。车子开进了一个窄街，又穿过两条小巷，停在一家面馆前。他们下了车，从门前停得乱七八糟的出租车间的缝隙穿过。她很惊讶，面馆里坐的几乎全是出租车司机。

他说，这里的牛肉板面好吃，便宜。他要了两碗板面，一盘豆腐丝，一盘牛腱子肉，一瓶啤酒和一瓶绿茶。"开车不能喝酒，你点啤酒干吗？"她的语气略带责备。他没解释，只是把她面前的杯子用纸巾擦了一遍。酒水送上来时，他把啤酒放在女人面前，说："这酒，是给你的！"

她惊愕，有些不好意思，毕竟饭馆里都是男人，就她一个女的。他笑笑，打开了啤酒，给她倒满。这时，板面上来了，热腾腾的，香味扑鼻。她赞叹："好香啊！闻起来味道不错。"

"尝尝吧！这是秘制老汤煮的，我找了好久才找到的这家。"她吃了一口汤料里的豆腐干，又吃了一口面，点点头说：

"真不错，有我们家乡牛肉板面的味儿。"他似乎一直在等这句话。她刚一说完，他就轻松地靠在椅背上，畅快地吐了口气。

她催着他赶快吃，他应和着，却不动筷子，一直看手机上的时间。她刚想开口问，只见他站了起来，大声地说："现在是29号的午夜11:59分，再过一分钟就是30号，我媳妇30岁生日。广播里说，女人都特在乎30岁生日，我是个的哥，上有老下有小，不敢搞得太大，就想带着我媳妇吃一碗她家乡的板面，祝她生日快乐！"面馆里的人先是好奇，然后便使劲儿地鼓起掌来。她的脸红了，面馆里的客人纷纷向她表示祝福，就连老板也来了，免了她的板面钱。

回家的路上，她嘴角轻扬，满心欢喜，平日里的压力和疲惫感都消失了。是的，他们不富有，没有存款，没有大房子，可他们却很珍惜这样平凡的日子，在压力下从容地笑对生活，笑对彼此。

佛家有云：天地混沌，得失之间，原本无道。人又为何要为生活中的金钱名利、一失一得而耿耿于怀，寝食难安呢？那些不过是身外之物罢了。很喜欢《人间花木，莫染我情田》里的那段话："看一场烟雨，从开始下到结束；看一只蝴蝶，从蚕蛹到破茧；看一树的蓓蕾，从绽放到落英缤纷。不为诗意，不为风雅，不为禅定，只为将日子，过成一杯白开水的平淡、一碗清粥的简单。"

03.轻轻说一句：你好，小确幸

假如你漂泊无定，不妨去这个城市最繁华的街道走一趟，用你最自在的步调与速度。假如周围人的行走速度大大超过你，此地不宜久留；假如十分搭调，这里很适合你；而幸福的真谛就在于选择自己喜欢的鞋子走完这一生。

——《你好，小确幸》

走在路上，无意间摸摸口袋，发现居然有钱；电话铃声响了，屏幕上显示的名字正是你所思念的人；打算买一件东西时，到超市发现降价促销；正愁无聊的时候，有人要约你吃饭；焦急排队的时候，你所在的队伍动得最快；自己一直想买的东西，结果朋友当意外的惊喜送给你了……当这一切从天降时，你是不是觉得很快乐，很幸福？

没错，这就是生活中小小的幸运与快乐，是流淌在每个瞬间且稍纵即逝的美好，是内心的满足与感恩。也许，你曾经不知道该如何形容这种喜悦，那么现在可以告诉你，它们就是生活中的"小确幸"——微小而确实的幸福。

创造这个词的人，是日本作家村上春树。他说，买回刚刚出炉的香喷喷的面包，站在厨房里一边用刀切片一边抓食面包的一角，就是一种微小而真切的幸福。没有小确幸的人生，不过是干巴巴的沙漠罢了。

微小而确切的幸福不像"久旱逢甘霖"那样让人大喜，也不似"十年寒窗苦，一朝夺状元"那样让人感到壮美。它看起来并不那么华丽和壮观，也不需要长久地等待和期盼。只要有一颗善于感知快乐和幸福的心，它便无处不在，无时不有；只要你想去用心品味它，它便随时可以泛上心头。

也许，你正在夕阳余晖下的羊肠小路上行走，它就悄然来临；也许，你正跟朋友一起挥汗如雨地踢球，一脚射门，球进了，它便触碰你的心扉；炎热的夏季，"扑通"一下跳进游泳池，凉爽的感觉顿时袭来，它也悄悄涌上心头；也许，在秋日里荡一荡秋千，风吹过时看一看落叶，它都可能来到你的身边……只要去感悟，便可知，闲适时有它，忙碌时有它，安静里有它，嘈杂中有它，黑暗中有它，光明里也有它。

他经营着一家规模不小的公司，终日压力缠身，虽是别人眼里的成功之士，心里却总是怅然若失。当拥有了名利财富之后，竟不知自己真正想要的是什么了，情绪也是忽高忽低。

偶然的一次机会，他去寺庙烧香拜佛，在那儿认识了一位长者，看样子像是在寺中居住的修行之士。长者看起来精神十足，轻松安详。久违的亲切感与信任感油然而生，他忍不住向长者诉说了自己的苦闷，希望得到开悟之法。得知他的心思后，长者邀他一同到山上走走。

　　他们一起在山路上行走，山下湖光潋滟，山路两旁开满了各种鲜花，争奇斗艳，香气袭人。长者问他："你可曾闻到花香？"他望了望山路两侧的各色花朵，嗅了嗅弥漫在空气中的花香，忍不住赞叹道："果然很香！"

　　长者笑笑，两人继续往前走。不知不觉，就到了山顶，只见夕照辉映，彩霞横飞，山下更是湖光潋滟。长者又问他："看到眼前这美景了吗？"他应道："如此景色，不亏此行啊！"

　　"你和我一样，闻到了花香，赏得了美景，我还能向你传授什么开悟秘诀呀？"长者笑着对他说。他抚掌大笑，醒悟过来。原来，感悟美好，不需要什么特殊的本领和技巧，只要用心体会眼前的种种美好，感受生活中的每时每刻，就足够了。

　　佛家有云，一花一世界。在那些很小的事物里，往往也隐藏着无限的美丽。只是，我们常常忘了去撩拨"真、善、美"的心弦。快乐从不曾远离，只是一味地沉浸在悲痛和失落里，就会变得忧愁伤感。打开心窗，擦亮眼睛，在每一个平淡的日子里，每一处细微的情节里，努力去感受生命的意义、生活的美好，总可以发现值得快乐和感恩的东西。

某网站有一个关于"小确幸"的贴吧，有很多网友将自己体会到的小确幸分享出来。

"漂亮蟋蟀"说："老公很忙，忙碌的工作和生活，让我快感受不到他对我的爱了，可是今天早上，突然感觉好幸福。早晨，老公像往常一样起床叠被、洗漱、准备早餐，我听着他所有的动作，却故意不睁开眼睛，假装睡觉，可是，我却能从那些窸窸窣窣的声音里，猜想出他轻手轻脚的样子，他在保护我的晨睡，突然感觉心里一阵暖流流过，流淌在这个一切如常的早晨。"

"露露的裙摆"说："辛苦忙碌了一天，下班后回宿舍的路上，看着健身广场上那个空荡荡的秋千，突然有了一种上去坐坐的冲动，于是便坐了上去。我荡着秋千，在树叶剪辑出的片片夕阳里，轻轻地闭上眼睛，什么也不想。突然感觉一种幸福如微风细雨，缓缓流过心田。"

生活在一个和平与民主的国度，没有战争，没有饥饿，是大幸福；享受美食、恋爱，安心地过日子，记下感动的瞬间等小乐趣，是小幸福。我们不是不幸福，只是我们忘记了细数幸福。其实，有许多细微的幸福，就躲藏在不起眼的角落里，被我们忽略了。只要轻轻拂去灰尘，搬开那些杂物，幸福便露出头角。

04.不要弄丢了孩童时期的自己

> 保持纯真十分重要。自始至终不要失去开放的胸怀和童稚的热情，自然就会拥有无限可能。真相永远暧昧不明，而谎言却能让人很快明白。最好的办法是，依赖经验的同时，又不失去童真。凡事皆有神迹，只需用心观察。
>
> ——费里尼

熙熙攘攘的人群里，很多人认为，生命是一件严肃的事，把傻里傻气的"孩子行为"视为心智不成熟，习惯用烦琐的思维去想问题，用有色的眼镜去看世界，活得过于较真儿，反而会被痛苦死死纠缠。

春日里，阳光明媚，街道旁边的天使宝贝幼儿园，叽叽喳喳的很是热闹。

课上，身为幼师的她给孩子们出了一个题目："花儿为什么会开放？"她想用这个问题告诉孩子们一个标准答案："因为天气变暖和了。"可是，孩子们给出的答案，却让她觉得比阳光更温暖。

"一定是花儿睡醒了，它想看看太阳。"

"不对，是花儿一伸懒腰，把花朵给顶破了。"

"我觉得，花儿想伸出耳朵听听，小鸟在唱什么歌。"

"……"

这样的声音，这样新奇而有趣的答案，她经常会听到。孩子们幼小的心灵纯真而美好，因为他们不受拘束。

她曾经也有过这样多彩的答案，可随着生活中一个个无情而醒目的红色大叉在诸如"阳光很活泼""雪融化了是春天"上印下，那多边形的心渐渐地变成了没有棱角的圆。她想起塞尚说过的一句话："天真淳朴地接触自然，那是多么困难呀！人们须能像初生儿那样看世界。"

在岁月的洗礼中，她那颗纯净如水晶般的心，不小心就走丢了，失去了爱玩乐的天性，越来越不快乐。就在昨天，她还躲在房间默默地哭了一场。

丈夫连续五个月待业在家，孩子要花钱，吃喝要花钱，电费水费要花钱……想到这些，她实在想象不出自己还有什么幸福可言。每天，忙忙碌碌占据了大部分的时间，生活千篇一律没有任何改变，闲暇的时候很少，繁重越来越沉，连微笑都成了奢侈品。有时，她觉得自己孤独地活在这个世界上，辛辛苦苦换来的，竟不是自己心里真正想要的生活。

此刻，看着眼前一张张稚嫩的小脸，听着他们无忌的童言，她的心情突然明朗了。

小孩子跟大人不同，他们有一颗赤诚的心，他们眼中的世界是美好的，热爱一切事物，而且每样东西都让他们惊叹、好奇。他们欢快地跑跳、嬉戏打闹，这一刻还因为与伙伴争抢玩具而大哭，下一秒却又开怀大笑，不计前嫌地和伙伴手拉着手。他们不为困难发愁，完全投身于当下，充分享受快乐。

和孩子们在一起时，她的心灵会不自觉地被引导着"重新"去看这个世界。这时，自己的声音、行为，都会随着与孩子相处而变得像个孩子。而这些，在成人的世界里，是很难想象的。

中午，看着孩子们熟睡的脸庞，她的心平静了，没有悲伤，没有忧虑。她发觉，很多事情越是平淡，越是一种幸福。回归童心，就能淡然处事，得到最真实、最自然的快乐。她拿起画笔，任由想象天马行空，不拘泥于现实，不羁绊于年龄，心灵回到思无邪，一切回归人之初。

她在微信上写道："其实，每个人的心灵仍然是一个天真的孩子，喜欢在草地上打滚，不在乎衣服被弄脏，它要的只是快乐。"

童年的心像一张白纸，天真无邪，对世界充满爱；童年的心像纯净的水，眼里的一切都是明朗而欢快的。没有纷争，没有怨恨，没有名利扰攘，没有你争我夺。即使偶尔碰撞，也会风吹乌云散，雨后见彩虹。这样的时光，怎能不快乐？

漫画界大家丰子恺一辈子研究孩子，他曾说过："孩子的眼光是直线的，不会拐弯。孩子眼里直射的光芒能穿透一切，包括铜墙铁壁，什么也瞒不住孩子的眼睛。"

丰先生的作品里，总是弥漫着童年的美好、人性的美好，读他的作品，有时会让一个成人感到羞愧而不安。他饱含深情地描摹儿童的言行神态，表现无拘无束的心灵世界，实则是在追溯人生的根本，呼唤所有人都能够做一个真实的人，让这个世界少一些欺诈，多一些自然和淡泊。

其实，生命的衰老无法抗拒，但你可以选择在内心深处保留那份纯净，这与幼稚无关，而是历经沧桑之后，依然年轻朝气的精神世界。童心，是我们在成长的过程中，需要保留的一种心灵特质。保持一颗童心，心灵里就多了一份童真，多了一份童趣，不管身处何处，都不忘感受生活中的美好。

很多成年人都喜欢麦兜的故事，事实上，他们喜欢的不是那些笨笨的傻话，而是那种像吃了碗鱼丸粗面一样简单、廉价而又无比踏实的温暖，这也就是所谓的童心。

也许，你的童年早在N多年前就已过去，但请相信，它并未消失，而是活在你心里。你大可以在疲惫的时候，和你内在的小人儿相见，重拾童年的宁静与温馨。你知道自己长大了、成熟了，而那个圆脸小人儿还好好地住在你心里，发着光。

如果能够像孩子一样单纯地生活，你会发现世界原来真的有一种神奇的魔力，能让人一生快乐。

05.亲爱的，要爱你现在的时光

> 在这个世上，人人都是朝不保夕，谁有能力拯救谁，谁又有权利拯救谁？书本不会，知识不会，金钱不会，贫穷更不会。一无所有并不代表着能理直气壮，饱读诗书也不会让你感到充实。所以，就去生活吧。别管怎样生活，只要生活就行了。
>
> ——《倾我所有去生活》

在给某高校做演讲的时候，白岩松说过这么一段话："生命中有一个很奇妙的逻辑，如果你真的过好了每一天，明天还不错。如果你安安稳稳地做好大一学生应该做的事情，你的大四应该不错；可是你大一就开始做大四的事情，我想告诉你，你的大五会很糟糕。"

后来，白岩松又写了一篇文章，题目叫《爱你现在的时光》。一经发表，立刻引起极大的反响。文中有相当篇幅，写的是他的一位老大哥，也是我们熟悉的一位作家——史铁生。

"史铁生是我非常尊敬的一位老大哥，他曾经有这样一段话：当时四肢健全的时候，可以随意奔跑的时候，抱怨周围的环境如何糟糕；突然瘫痪了，坐在了轮椅上。坐在轮椅上的时候，抱怨我怎么坐在了轮椅上，不能行动了，怀念当初行走、可以奔跑的日子，他才知道那个时候多么阳光灿烂。又过了几年，坐不踏实了，长褥疮，各种各样的问题开始出现，突然开始怀念前两年可以安稳地坐在轮椅上的时光，那么不痛苦，那么风清日朗。又过了几年，尿毒症，开始怀念当初有褥疮，但是依然可以坐在轮椅上的时光。又过一些年，要透析了，不断地透析，一天清醒的时间越来越少，还是怀念刚得尿毒症那会儿的时光。"

　　如果，今天就是生命的最后一天，你想用它来做什么？

　　或许，你会像《我叫金三顺》中的三顺那样，在途径公交车站时，望着一段广告词潜然泪下：去爱吧，像从来没有受过伤一样；跳舞吧，像没有人欣赏一样；唱歌吧，像没有任何人聆听一样；工作吧，像不需要钱一样；生活吧，像今天是末日一样。

　　我们真的没有必要等到生命的最后一天，才去认识、去珍惜；也没有必要等到追忆往昔时才觉得青春美好、真情可贵。作家斯宾塞·约翰逊写过一本书，名叫《礼物》，讲述的是一位充满智慧的老人告诉孩子，世上有一个特别的礼物，可以让人生更成功更快乐，可这个礼物只有靠自己的力量才能找到。于是，这个孩子从童年到青年，用尽所有的办法四处找寻。只是奇怪的是，越拼命去找，他就越不快乐，那份他生命中的礼物自始至终也没有出现。终于，年轻人决定放弃，不再漫无目的地去追寻。然而就在这时他赫然发现，那份礼物原来一直在他的身边，这个人生中最好的礼物就是——此刻。

诗人席慕容说："你以为日子既然这样一天一天过来了，自然也会这样一天一天过去，昨天、今天、明天，该是没有什么不同，殊不知，就有那么一天，在你一眨眼的一转身，有些人就从你的身边消失不见。每一个今天，都是特殊的，因为在以后的日子里，再也不会有这样的一个今天，无论它是快乐的抑或悲伤的，都让我们无法释怀。"

当你想着下次、下次的时候，殊不知，很多事情其实已经没有下次了。每一秒的感觉都不会重现，每一个现在都无法还原。多少人和事，只有一次而已，仅此一次。即使每天走过的路，重复做的事，也掺杂着不同的心情，贯穿着不同的插曲，没有哪一天、哪一刻是完全不变的。当每一个今天过去，它就已经永远成为了过去，再不会重来。

每一个人的生命中的每一个当下都是独一无二的，它既不是过去的延续，也不是未来的承接。用心体验这一刻所拥有的，用心感受这一刻所度过的时光，便会感觉到自己的思想和情绪，从而因感受到自己的存在而快乐。

　　一位专栏女作家经历了地震后，第一时间写了一篇生命感触："地震的那一刻我问自己，如果生命这一刻就停止，我还有哪些人放不下？还有哪些心愿未了？那一刻，我的脑海里瞬间闪过一连串人，一连串事。就在我刚想和世界告别时，地震突然消失了。短短几十秒的时间，却仿佛让生命停顿在了那一刻。那一刻，震走了我所有的抱怨、不快和忙碌，让我突然对上苍充满了无限感恩，唯有感叹一句话：能活在当下，真好！"

　　的确，生命中最宝贵的，正是我们现在度过的时光。正如某手表品牌的广告词"at the moment"，意为"尊享此刻"。时间的针脚一分一秒地在腕间流走，悄无声息地带走了我们的青春、容颜和躯体，同时，它也滴答滴答地细数着生命片刻的美丽。

　　最后，以阿根廷诗人博尔赫斯的一首《此刻》，与你共享："如果我能够重新活一次，在来生——我将试着，犯更多的错误，我不再设法做得这样完美，我将让自己多一点放松，我将变得更加愚蠢……我会，谨慎而丰富地，活在我生命里的每一时刻，当然，我也会有许多欢乐的瞬间——可是，如果我能重新活着，我将试着只要那些好的瞬间。如果你不知道——怎样建造那样的生活，那就不要丢掉了现在！"